建筑工程监理

主　编　郝加利　王光炎　姚洪文
副主编　刘　焱　周　莎　仇大未
参　编　何学伟

U0233926

北京理工大学出版社
BEIJING INSTITUTE OF TECHNOLOGY PRESS

内容简介

本书共分为 8 个项目,具体内容包括:监理工程师与工程监理企业、监理规划及监理实施细则的编写、建设工程质量控制、建设工程造价控制、建设工程进度控制、建设工程安全监理、建设工程合同管理和建设工程信息档案管理。本书依据我国工程建设管理的法律法规和建设工程监理制度的相关规定,在现有建设工程监理理论的基础上,结合工程项目监理的实践认识,比较全面地阐述了建设工程监理的基本任务、方法和手段。

本书编写内容贴合国家颁发的新规范、新条例,结合全国监理工程师执业资格考试内容,重点突出,适用性强。

本书适合土建相关专业教学用书,也适合土建类施工及管理人员参考使用。

图书在版编目(CIP)数据

建筑工程监理 / 郝加利,王光炎,姚洪文主编. --
北京 : 北京理工大学出版社,2021.11
ISBN 978-7-5763-0753-5

Ⅰ. ①建… Ⅱ. ①郝… ②王… ③姚… Ⅲ. ①建筑工
程–施工监理 Ⅳ. ①TU712.2

中国版本图书馆 CIP 数据核字(2021)第 256345 号

出版发行 / 北京理工大学出版社有限责任公司

社　　址 / 北京市海淀区中关村南大街 5 号

邮　　编 / 100081

电　　话 / (010)68914775(总编室)
　　　　　　(010)82562903(教材售后服务热线)
　　　　　　(010)68944723(其他图书服务热线)

网　　址 / http://www.bitpress.com.cn

经　　销 / 全国各地新华书店

印　　刷 / 定州市新华印刷有限公司

开　　本 / 889 毫米×1194 毫米　1/16

印　　张 / 13.75　　　　　　　　　　　　　　责任编辑 / 张荣君

字　　数 / 262 千字　　　　　　　　　　　　文案编辑 / 张荣君

版　　次 / 2021 年 11 月第 1 版　2021 年 11 月第 1 次印刷　　责任校对 / 周瑞红

定　　价 / 75.00 元　　　　　　　　　　　　责任印制 / 边心超

前言

FOREWORD

本书在编写过程中，参考吸纳了20多年来建设工程监理领域的实践经验和研究成果，紧密联系我国建筑工程监理的实际情况，结合我国工程监理制度的发展状况，并贯彻落实了近年来出台的有关建设工程监理的法律法规和政策，系统地阐述了建筑工程监理的基本概念、基本理论和基本技术技能。

本书以2013年5月13日住房和城乡建设部与国家质量技术监督总局联合发布的最新国家标准《建设工程监理规范》（GB /T50319—2013）为主线，以工程施工阶段监理"三控制、两管理、一协调"的手段为重点，结合全国监理工程师考试内容，通过案例导入和大量选择题与案例分析题的训练，达到提高读者建筑工程监理技能的目的，同时体现出本书注重监理岗位能力培养的技术技能型教材特色。

本书以面向工程咨询管理企业、面向施工一线培养土建类专业人才为指导思想，针对土建施工类专业人才培养的需要，根据住房和城乡建设部颁布的《建筑和市政工程施工现场专业人员职业标准》（JGJ/T250-2011）要求，紧扣职业标准，以工程项目岗位工作人员应具备的基本知识为基础，既保证教材内容的系统性和完整性，又注重理论联系实际、解决实际问题能力的培养；既注重内容的先进性、实用性，又便于实施案例教学和实践教学。

本书参阅和引用了一些优秀教材的内容，吸收了国内外众多专家学者的最新研究成果，参考和引用了历年全国监理工程师培训教材与考试题的相关内容，借鉴了国内外建设监理方面的大量资料和监理企业的实例，在此对各位同行以及资料的提供者深表谢意！

由于经验和水平有限，书中错误、疏漏或不妥之处在所难免，衷心希望广大读者批评指正。反馈邮箱：bitpress_zzfs@ bitpress. com. cn。

编　者

目录

CONTENTS

课程导入

学习目标

【知识目标】

1. 了解我国建筑监理制度的发展历程。

2. 熟悉监理的概念和工作任务。

3. 掌握建筑工程监理的依据和范围。

4. 掌握建筑工程监理的实施程序。

【技能目标】

了解本课程的定位, 有关建筑工程监理的基本知识。

思维导图

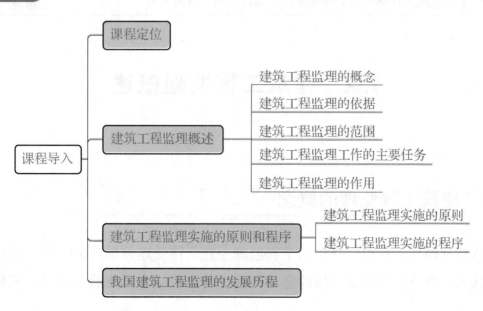

1.1　课程定位

建筑工程监理是施工现场每个管理和技术人员都应熟悉的知识，也是建筑工程技术专业和建筑工程管理专业的必修课，是一门重要的专业课，是土建类专业学生应该具有的基本素质和将来在工程建设领域就业的必备知识。本课程亦可作为其他专业的选修课，通过学习本课程可以扩展学生的专业视野和就业领域。

学习该课程，使学生了解工程建设监理的基本概念，掌握必要的基础知识，具有一定的分析处理与工程监理相关的实际问题的能力。为今后的学习、工作打下必要的基础。依据我国工程建筑管理的法律法规和建设工程监理制度的相关规定，在现有建筑工程监理理论的基础上，结合工程项目监理的实践认识，比较全面地阐述了建筑工程监理的基本任务、方法和手段，课程定位见表1-1。

表1-1　课程定位

课程性质	必修课程、专业基础课程	备注
课程功能	培养学生对建筑工程项目的质量、进度、投资控制和安全、环境、合同、信息管理，以及监理工程、监理组织与协调的能力	
前导课程	建筑CAD、建筑力学与结构、建筑识图与构造、建筑施工测量、基础工程施工、砌体结构工程施工、混凝土结构工程施工、钢结构工程施工、屋面及防水工程施工、装饰装修工程施工、建筑工程施工组织、建筑抗震知识、建筑法规、建筑工程计量与计价	
平行课程	建筑工程质量管理、建筑工程安全管理	
后续课程	建筑工程施工质量问题处理、综合实训、顶岗实习	

1.2　建筑工程监理概述

1.2.1　建筑工程监理的概念

建筑工程监理即指具有相应资质的工程监理企业，接受建设单位的委托，承担其项目管理工作，并代表建设单位对承建单位的建设行为进行监控的专业化服务活动。其特性主要表现为监理的服务性、科学性、独立性和公正性。

《建筑工程监理规范》(GB/T 50319—2013)2.0.2 中明确：工程监理单位受建设单位委托，根据法律法规、工程建设标准、勘察设计文件及合同，在施工阶段对建设工程质量、进度、造价进行控制，对合同、信息进行管理，对工程建设相关方的关系进行协调，并履行建设工程安全生产管理法定职责的服务活动。

建筑工程监理可以是对建筑工程项目活动的全过程监理，也可以是对建筑工程项目某一实施阶段的监理，如设计阶段监理、施工阶段监理等。我国目前应用最多的是施工阶段监理。

1.2.2　建筑工程监理的依据

按照我国工程建设监理的有关规定，建筑工程监理的依据是国家批准的工程项目建设文件，有关工程建设的法律、法规和工程建设监理合同及其他工程建设合同。

1. 主要法律

法律主要是指与工程建设活动有关的法律。如《中华人民共和国建筑法》(以下简称《建筑法》)、《中华人民共和国合同法》(以下简称《合同法》)、《中华人民共和国招标投标法》(以下简称《招标投标法》)等。

2. 主要法规

法规主要包括以下内容。

①国务院制定的行政法规，如《建设工程质量管理条例》《建设工程安全生产管理条例》《生产安全事故报告和调查处理条例》《招标投标法实施条例》等。

②地方性法规，由省级人大及其常委会、省所在市人大及其常委会、国务院批准的较大的市人大及其常委会制定。

3. 文件

国家批准的工程项目建设文件，主要包括建设计划、规划、设计文件等。这既是政府有关部门对工程建设进行审查、控制的结果，是一种许可，也是工程实施的依据。

4. 合同

依法签订的工程建设合同，是工程建设监理工作具体控制工程造价、质量、进度的主要依据。监理工程师以此为尺度严格监理，并努力达到工程实施的依据。监理单位必须依据监理委托合同中的授权开展工作。

1.2.3 建筑工程监理的范围

为了确定必须实施监理的建设工程项目具体范围和规模标准，规范建设工程监理活动，根据《建设工程质量管理条例》制定的规定，下列建设工程必须实行监理：国家重点建设工程，大中型公用事业工程，成片开发建设的住宅小区工程，利用外国政府或者国际组织贷款、援助资金的工程，以及国家规定必须实行监理的其他工程。

1. 国家重点建设工程

国家重点建设工程，是指依据《国家重点建设项目管理办法》所确定的对国民经济和社会发展有重大影响的骨干项目。

2. 大中型公用事业工程

大中型公用事业工程，是指项目总投资额在 3 000 万元以上的工程项目，包括以下几点。
①供水、供电、供气、供热等市政工程项目。
②科技、教育、文化等项目。
③体育、旅游、商业等项目。
④卫生、社会福利等项目。
⑤其他公用事业项目。

3. 住宅小区工程

成片开发建设的住宅小区工程，建筑面积在 5 万平方米以上的住宅建设工程必须实行监理；5 万平方米以下的住宅建设工程，可以实行监理，具体范围和规模标准由省、自治区、直辖市人民政府建设行政主管部门规定。为了保证住宅质量，对高层住宅及地基、结构复杂的多层住宅应当实行监理。

4. 援建工程

利用外国政府或者国际组织贷款、援助资金的工程包括以下几点。
①使用世界银行、亚洲开发银行等国际组织贷款资金的项目。
②使用国外政府及其机构贷款资金的项目。
③使用国际组织或者国外政府援助资金的项目。

5. 国家规定的其他工程

国家规定必须实行监理的其他工程包括以下几点。
①项目总投资额在 3 000 万元以上关系社会公共利益、公众安全的下列基础设施项目。
a. 煤炭、石油、化工、天然气、电力、新能源等项目。

b. 铁路、公路、管道、水运、民航以及其他交通运输业等项目。

c. 邮政、电信枢纽、通信、信息网络等项目。

d. 防洪、灌溉、排涝、发电、引(供)水、滩涂治理、水资源保护、水土保持等水利建设项目。

e. 道路、桥梁、地铁和轻轨交通、污水排放及处理、垃圾处理、地下管道、公共停车场等城市基础设施项目。

f. 生态环境保护项目。

g. 其他基础设施项目。

②学校、影剧院、体育场馆项目。

1.2.4　建筑工程监理工作的主要任务

1. 施工准备阶段建筑工程监理工作的主要任务

①审查施工单位提交的施工组织设计、施工方案、质量安全保证措施应符合施工合同要求。

②参与由建设单位组织的图纸会审及设计交底会。

③审查施工单位的工程质量、安全管理体系及组织机构和人员资格。

④审查施工单位安全管理制度及专职管理人员和特种作业人员的资格。

⑤审核分包单位的资质条件。

⑥检查实验室的施工单位的实验室。

⑦查验施工单位的施工测量放线成果。

⑧审查工程开工条件，签发开工令。

2. 工程施工阶段，建筑工程监理工作的主要任务

(1)施工阶段的质量控制

①核验工程测量放线，验收隐蔽工程、检验批、分项、分部工程，签署分项、分部工程和单位工程质量评定表。

②进行旁站、巡视、平行检验，对发现的质量问题应及时通知施工单位整改，并做好监理检查记录。

③审查施工单位报送的工程材料、构配件、设备的质量证明文件，抽查进场的工程材料、构配件的质量。

④审查施工单位提交的新材料、新工艺、新技术、新设备的论证材料及相关验收标准。

⑤检查施工单们的测量、检测仪器设备、度量衡定期检验的证明文件。

⑥监督施工单位针对质量问题的处理情况，并做好检查记录。

（2）施工阶段的进度控制

①监督施工单位严格按照施工合同规定的工期组织施工。

②审查施工单位提交的施工进度计划，核查施工单位对施工进度计划的调整。

③建立工程进度台账，核对工程形象进度，按月、季和年度向业主报告工程执行情况、工程进度，以及存在的问题。

（3）施工阶段的投资控制

①审核施工单位提交的工程款支付申请，签发或出具工作款支付证，并报业主审核批准。

②建立计量支付签证台账，定期与施工单位核对清单。

③审查施工单位提交的工程变更申请，协调处理施工费用索赔、合同争议等事项。

④审查施工单位提交的竣工结算申请。

（4）施工阶段的安全生产管理

①依照法律、法规和建筑工程强制性规范标准，对施工单位安全生产管理进行监督。

②编制安全生产应急预案实施细则，并参加业主组织的应急预案的演练。

③审查施工的工程项目安全生产规章制度、组织机构的建立及专职安全生产管理人员的配备情况。

④督促施工单位进行安全自查工作，巡视检查施工现场安全生产情况，在实施监理过程中，发现存在安全事故隐患的，应及时签发监理通知单，要求施工单位整改；情况严重的，总监理工程师应及时下达工程暂停指令，要求施工单位暂停施工，并及时报告业主。施工单位拒不整改或不停止施工的，应当通过业主及时向有关主管部门报告。

3. 竣工验收阶段建筑工程监理工作的主要任务

①督促和检查施工单位及时整理竣工文件和验收资料，并提出意见。

②审查施工单位提交的竣工验收申请，编写工程质量评估报告。

③组织工程竣工预验收，参加由业主组织的竣工验收，并签署竣工验收意见。

④编制、整理工程监理归档文件并向业主提交。

1.2.5　建筑工程监理的作用

（1）有利于提高建筑工程投资决策科学化水平

工程监理企业可协助建设单位选择适当的工程咨询机构，管理工程咨询合同的实施，并对咨询结果（如项目建议书、可行性研究报告）进行评估，提出有价值的修改意见和建议；或者直接从事工程咨询工作，为建设单位提供建设方案。工程监理企业参与或承担项目决策阶段的监理工作，有利于提高项目投资决策的科学化水平，避免项目投资决策失误，也为实现建设工程投资综合效益最大化打下了良好的基础。

（2）有利于规范工程建设参与各方的建设行为

在建筑工程项目实施过程中，工程监理企业可依据委托监理合同和有关的建设工程合同对承建单位的建设行为进行监督管理。由于这种约束机制贯穿于工程建设的全过程，采用事前、事中和事后控制相结合的方式，因此可以有效地规范各承建单位的建设行为。最大限度地避免不当建设行为的发生；即使出现不当建设行为，也可以及时加以制止，最大限度地减少其不良后果。应当说，这是约束机制的根本目的。另外，由于建设单位不了解建设工程有关的法律、法规、规章、管理程序和市场行为准则，也可能发生不当建设行为，在这种情况下，工程监理单位可以向建设单位提出适当的建议，从而避免发生建设单位的不当建设行为，这对规范建设单位的建设行为也可起到一定的约束作用。当然，要发挥上述约束作用，工程监理企业首先必须规范自身的行为，并接受政府的监督管理。

（3）有利于促使承建单位保证建设工程质量和使用安全

在加强承建单位自身对工程质量管理的基础上，由工程监理企业介入建设工程生产过程的管理，对保证建设工程质量和使用安全有着重要作用。

（4）有利于实现建设工程投资效益最大化

建筑工程投资效益最大化有以下三种不同的表现。

①在满足建筑工程预定功能和质量标准的前提下，建设投资额最少。

②在满足建筑工程预定功能和质量标准的前提下，建筑工程寿命周期费用（或全寿命费用）最少。

③建筑工程本身的投资效益与环境、社会效益的综合效益最大化。

1.3 建筑工程监理的实施原则和程序

1.3.1 建筑工程监理的实施原则

建筑工程监理的实施应遵循以下五大原则。

1. 公平、独立、自主的原则

监理工程师在建设工程监理中必须尊重科学、尊重事实，组织各方协同配合，维护有关各方的合法利益，为此，必须坚持公正、独立、自主的原则。业主与承建单位虽然都是独立运行的经济主体，但他们追求的经济目标有差异，监理工程师应在按合同约定的权、责、利关系的基础上，协调双方的一致性。只有按合同的约定建成工程，业主才能实现投资的目的，承建单位也才能实现自己生产的价值，取得工程款和实现盈利。

🔑 2. 权责一致的原则

监理工程师承担的职责应与业主授予的权限一致。监理工程师的监理职权，依赖于业主的授权。这种权力的授予，除体现在业主与监理单位之间签订的委托监理合同之中，而且还应作为业主与承建单位之间建设工程合同的合同条件。因此，监理工程师在明确业主提出的监理目标和监理工作内容要求后，应与业主协商，明确相应的授权，达成共识后明确反映在委托监理合同中及建设工程合同中。据此，监理工程师才能开展监理活动，总监理工程师及代表监理单位全面履行建设工程委托监理合同，承担合同中确定的监理方向业主方所承担的义务和责任。因此，在委托监理合同实施中，监理单位应给总监理工程师充分授权，体现权责一致的原则。

🔑 3. 总监理工程师负责制的原则

总监理工程师是工程监理全部工作的负责人。要建立和健全总监理工程师负责制，就要明确权、责、利关系，健全项目监理机构，具有科学的运行制度、现代化的管理手段，形成以总监理工程师为首的高效能的决策指挥体系。

🔑 4. 严格监理、热情服务的原则

严格监理，就是各级监理人员严格按照国家政策、法规、规范、标准和合同控制建设工程的目标，依照既定的程序和制度，认真履行职责，对承建单位进行严格监理。

监理工程师还应为业主提供热情的服务，"应运用合理的技能，谨慎而勤奋地工作"。由于业主一般不熟悉建设工程管理与技术业务，监理工程师应按照委托监理合同的要求多方位、多层次地为业主提供良好的服务，维护业主的正当权益。但是，不能因此而一味地向各承建单位转嫁风险，从而损害承建单位的正当经济利益。

🔑 5. 综合效益的原则

建设工程监理活动既要考虑业主的经济效益，也必须考虑与社会效益和环境的有机统一。建设工程监理活动虽经业主的委托和授权才得以进行，但监理工程师应首先严格遵守国家的建设管理法律、法规、标准等以高度负责的态度和责任感，既对业主负责，谋求最大的经济效益，又要对国家和社会负责，取得最佳的综合效益。只有在符合宏观经济效益、社会效益和环境效益的条件下，业主投资项目的微观经济效益才能得以实现。

1.3.2　建筑工程监理的实施程序

建筑工程监理一般按照如下程序组织实施。

（1）编制监理大纲，承揽监理项目

监理单位应根据工程项目招标文件、项目的特点、规模，以及监理单位自身的条件、特点和以往承揽工程的经验编制监理大纲。监理大纲是监理单位在招投标阶段编制的规划性文件，是监理投标书的组成部分。监理大纲是监理开展工作的纲领性文件，是以后开展监理工作制定方案的依据，也是作为制定监理规划的基础。

（2）组建项目监理机构

监理机构的人员构成是投标书中的重要内容，是业主在评标过程中认可的。总监理工程师在组建项目建立机构时，应根据监理大纲内容和签订的委托合同内容组建，并在监理规划和具体实施细则执行中进行及时的调整。

（3）按照中标监理大纲编制建筑工程监理规划

建筑工程监理规划是开展工程监理工作的指导性文件，其内容将在项目2中介绍。

（4）按照工程监理规划制定各专业监理实施细则

建筑工程监理实施细则是建筑工程监理工作的操作性文件，其内容将在项目2中介绍。

（5）依据监理实施细则有序、严格、规范开展监理工作

（6）组织竣工预验收，参与竣工验收

建筑工程施工完成以后，监理单位应审查施工单位的竣工申请，组织工程竣工预验收，在预验收中发现的问题，应及时与施工单位沟通，提出整改要求。工程竣工预验收合格后，总监理工程师组织项目监理机构编写工程质量评估报告，经总监理工程师和工程监理单位技术负责人审核签字、加盖公章后报建设单位。监理单位应参加由业主组织的工程竣工验收，签署监理单位意见。

（7）编写工程项目监理工作总结

监理工作完成后，项目监理机构应及时从两方面进行项目监理工作总结。其一主要包括委托监理合同履行情况概述，监理任务或监理目标完成情况的评价，由业主提供的供监理日常工作使用的办公用房、交通、生活等的清单，表明监理工作终结的说明等。其二主要包括在本项目的监理过程中积累的技术、方法的经验又或是经济措施、组织措施的经验，以及委托合同执行方面的好的建议，监理工作中存在的问题及改进方法。

（8）向项目业主提交建筑工程监理档案资料

建筑工程监理工作完成后，监理单位向业主提交的监理档案资料应在委托监理合同文件中约定。如合同没有明确规定，监理单位一般应提交：委托监理合同、监理规划及监理实施细则、监理月报、会议纪要、合同及其他事项管理资料、监理工作总结、监理评估报告等档案资料。

1.4 我国建筑工程监理的发展历程

我国建设监理制度的试点工作开始于 1988 年。1988 年 7 月 25 日，原建设部制定印发了《关于开展建设监理工作的通知》(以下简称《通知》)，《通知》提出，建立具有中国特色的建设监理制度，以提高投资效益和建设水平。此外，《通知》还就推行对建筑监理制度的试点城市进行了具体的部署。

现在，建筑监理制度作为改革开放催生的四大建筑制度之一，与项目业主负责制、投标承包制和合同管理制一起载入改革创新的史册。

1.4.1 试点起步阶段

1988 年 10 月 11—13 日，原建设部在上海召开第二次全国建设监理工作会议，进一步商讨选择哪些城市作为建设监理制度的试点，经讨论后确定了作为试点的 8 市 2 部，即将北京、上海、南京、天津、宁波、沈阳、哈尔滨、深圳市和原能源部的水电系统、原交通部的公路系统作为监理试点。根据会议精神，原建设部于 1988 年 11 月 12 日制订印发了《关于开展建筑监理试点工作的若干意见》。据此，试点地区和部门开始组建监理单位，建设行政主管部门帮助监理单位选择监理工程项目，逐步开始实施建筑监理制度。

1989 年 7 月 28 日。原建设部颁发了《建设监理试行规定》。这是我国建筑监理工作的第一个法规性文件，全面地规范了参与建设监理各方的行为。

为了及时总结试点经验，指导建筑监理试点工作健康发展，1989 年 10 月 23—26 日，原建设部在上海召开了第三次全国建设监理工作会议，总结了 8 市 2 部监理试点的经验。试点经验归纳为：实行监理制度的工程在工期、质量、造价等方面与以前相比均取得了更好的效果；试点工作充分证明，实行这项改革有助于完善我国工程建设管理体制，有助于促进我国工程的整体水平和投资效益，要组建一支高水平的工程建设监理队伍，把工程监理制度稳定下来。

1.4.2 建筑监理制度稳步发展阶段

1993 年 5 月，第五次全国建设监理工作会议召开，标志着我国建筑监理制度走向稳步发展的新阶段。

第五次全国建设监理工作会议总结了我国四年多来监理试点工作的经验，宣布结束试点工作，进入稳步发展的新阶段。会议提出了新的发展目标；从 1993 年起，用 3 年左右的时间完成稳步发展阶段的各项任务；从 1996 年开始，建筑监理制度走向全面实施阶段；到 20 世纪末，我国的建筑监理事业争取达到产业化、规范化、国际化的程度。会议同时提出稳步发展阶段的主要任务是：健全监理法规和行政管理制度；大中型工程项目和重点工程项目都要实行监理制；监理队伍的规模要和基本建设的发展水平相适应，基本满足监理市场的需求；要有相当一部分监理单位和监理人员获得国际同行的认可，并进入国际建筑市场。

1993 年，全国已注册的监理单位达到 886 家，从业者约为 4.2 万人。在监理队伍中还涌现出一批甲级资质的监理单位。兼职承担监理业务的单位逐渐减少，专职承担监理业务的单位不断增多。

1993 年上半年中国建设监理协会经原建设部、民政部批准正式成立，并于同年 7 月在北京召开成立大会，中国建设监理协会的成立标志着我国建设监理行业基本形成，并走上自我约束、自我发展的道路。

到 1994 年年底，我国已有 29 个省、自治区、直辖市和国务院所属的 36 个工业交通原材料等部门在推行监理制度。其中，北京、天津、上海及辽宁、湖北、河南、海南、江苏等省的地级以上城市全部推行监理制度。全国推行监理制度的地级以上城市 153 个，约占全国 196 个地级城市的 76%。全国大中型水电工程、大部分国道和高级公路工程都实行了工程监理，建筑市场初步形成了由业主、监理和承建三方组成的三元主体结构。

1.4.3　建筑监理制度全面推行阶段

1995 年 12 月 15 日，原建设部和原国家计委印发了《工程建设监理规定》的通知，1996 年 1 月 1 日起实施，同时废止了原住建部 1989 年 7 月 28 日发布的《建设监理试行规定》。

1997 年《中华人民共和国建筑法》规定，国家推行建筑工程监理制度，从而使建筑工程监理制度进入全面推行阶段。

截至 1996 年年底，全国共有工程建设监理单位 2 100 多家，其中甲级资质的监理单位 123 家。全国从事监理工作的人员共 10.2 万余人，其中具有中级及以上技术职称的人员有 7.54 万余人；全国约 4.3 万人参加了原建设部指定院校的监理培训。当时取得原建设部、原人事部确认资格的监理工程师的人数达到 2 963 人，经过注册的监理工程师有 1 865 人。加上各地区、各部门自行培训，监理工作人员基本能持证上岗。在一些外资、合资项目的监理工作中，我国监理人员已经成为主力。

1996 年全国开展监理工作的地级市达到 238 个，占全国 269 个地级市的 88.4%，地级城市已经普遍推行建筑监理制。

1999 年 5 月 13—14 日，原建设部与原人事部举行了全国监理工程师执业资格考试，这是继 1997 年首次全国监理工程师考试以来的第三次全国性监理工程师考试，共有 3 万多人报名参加，约有6 000人通过考试取得监理执业资格，使全国具有监理执业资格的人数达到了3.06万以上。

2000年7月，原建设部与中国建设监理协会共同组织召开了监理企业改制工作研讨会，与监理企业及各方人士共同研讨了监理企业改制的有关问题，还着手修改了《工程建设监理单位资质管理办法》。

1.4.4　建筑监理制度逐步完善阶段

目前，虽然建设监理制度已经在全国范围内推行，但是业主、施工单位和质量监督机构对实行工程监理的意义及重要性还是缺乏认识，对监理人员的地位及各方的关系也不甚了解。有些业主认为监理人员是自己的雇员，必须为自己的利益着想，按自己的要求办事。质量监督机构认为监理人员代替了自己的职能，因而忽视了对工程质量的监管。由于对监理人员的工作模糊认识，工程建设各方在关系的协调上不顺畅，监理人员的决定不能实施，监理效果不够理想，工程质量监督工作出现漏洞。当工程出现质量问题时，还容易出现相互推诿的现象。

为了解决上述问题，从1992年2月1日施行《工程建设监理资质管理试行办法》开始，到2008年5月，中华人民共和国住房和城乡建设部、国家工商行政管理总局联合发布《建设工程监理合同示范文本（征求意见稿）》。政府和相关部门也相继出台了许多与建设工程监理关系密切的法律、法规、规章、规范。如《建筑法》《建筑工程质量管理条例》《工程监理企业资质管理规定》《建设工程监理规范》和《房屋建筑工程旁站监理管理办法（试行）》等。

以上法律、法规、制度的制定和完善，规范了我国建筑工程的监理市场，进一步明确了监理人员的权利和义务。业主与监理之间通过工程建设监理合同建立起来的一种委托与被委托的关系，双方都要在合同约定的范围内行使各自的权力、承担相应的责任。取得从业资格的监理人员接受业主的委托对项目的实施进行监理，但是监理人员不是业主在项目上的利益代表，必须依据工程建设监理合同、设计文件、相关规范、规定及相关法律对项目实施独立、科学、公正的监理。业主有权要求更换不称职的监理人员或解除监理合同，但不得干预和影响监理人员的正常工作，不得随意变更监理人员的指令。监理人员接受业主的委托，对项目的实施进行监督与管理，要对业主负责。监理人员的一切监理行为必须以监理合同和工程承包合同为依据，以实施三个控制为目标，以监理人员的名义独立进行实施监理。在业主与承包商之间要做到独立、客观、公正。

实行建筑监理制度是我国建设领域的一项重大改革，是我国对外开放、国际交往日益扩大的结。通过实行建筑工程监理制度，我国建筑工程的管理体制开始向社会化、专业化、规范化的先进管理模式转变。这种管理模式，在项目法人与承包商之间引入了建筑监理单位作为中介服务的第三方，进而在项目法人与承包商、项目法人与监理单位之间形成了以经济合同为纽带，以提高工程质量和建设水平为目的的相互制约、相互协作、相互促进的一种新的建筑项目管理运行机制。这种机制为提高建筑工程质量、节约建筑工程的投资、缩短建筑的工期创造了有利的条件。

2020年2月28日住房和城乡建设部、交通运输部、水利部、人力资源社会保障部关于印发《监理工程师职业资格制度规定》《监理工程师职业资格考试实施办法》的通知（建人规〔2020〕3号文），国家设置监理工程师准入类职业资格，纳入国家职业资格目录。凡从事工程监理活动的单位，应当配备监理工程师。住房和城乡建设部、交通运输部、水利部、人力资源社会保障部共同制定监理工程师职业资格制度，并按照职责分工分别负责监理工程师职业资格制度的实施与监管。各省、自治区、直辖市住房和城乡建设、交通运输、水利、人力资源社会保障行政主管部门，按照职责分工负责本行政区域内监理工程师职业资格制度的实施与监管。

经过20多年的发展历程，建筑工程监理制度已逐步走向成熟，在我国国民经济建设中发挥着重要的作用。

工程监理企业和监理工程师

学习目标

【知识目标】

1. 了解工程监理企业分类及资质等级。
2. 熟悉项目监理机构的确立及其组织形式。
3. 掌握工程监理工程师的概念及职责。
4. 掌握监理工程师的权利与义务。

【技能目标】

自觉培养监理工程师的综合素质，以便更好地完成监理工作。

思维导图

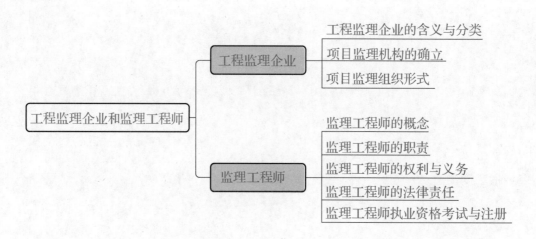

2.1 工程监理企业

2.1.1 工程监理企业的含义与分类

1. 工程监理企业

工程监理企业是指取得工程监理企业资质证书，从事工程监理业务，具有法人资格的经济组织。它是监理工程师的职业机构。

工程监理企业作为建筑市场的三大主体之一，对培育、发展和完善我国建筑市场起着重要作用。建设工程监理单位是我国在工程建设领域或推行建设工程监理制度后逐渐兴起的一种企业。这种企业的责任主要是向项目法人提供高智能的技术服务，对工程项目建设的投资、建设工期和质量进行监督管理，力求帮助业主实现建筑项目的投资意图。大量的监理实践证明，凡是实现监理的建设项目投资效益明显，工期得到了控制，工程质量水平提高。因此，推行建设监理制是我国建设管理体制的一项重要而成功的改革，监理单位也必将在工程建设领域发挥越来越大的作用。

2. 工程监理企业的分类

（1）按组织方式分

①公司制监理企业。公司又可分为有限责任公司和股份有限公司。

有限责任公司。有限责任公司的股东以其出资额为限，一般有2~50个出资者，对公司承担责任，公司以全部资产对公司的债务承担责任。公司股东按其投入公司资本额的多少，享有大小不同的资产收益权、重大决策参与权和对管理者的选举权。公司则享有由股东成本形成的全部法人财产权，依法享有民事权，并承担民事责任。

股份有限公司。股份有限公司以其全部资本分为等额股份，股东以其所持股份为限对公司承担经济责任。同时，以其所持股份的多少，享有相应的资产收益权、重大决策参与权和选择管理者的权利。公司则以其全部资产对公司的债务承担责任。另外，与有限责任公司一样，股份有限公司享有由股东成本形成的全部法人财产权，依法享有民事权利，承担民事责任。

有限责任公司是市场经济体制下大量存在的公司组建形式，监理企业也多是这种类型。

②合资工程监理企业。合资工程监理企业是现阶段经济体制形态下的产物，它包括国内

企业合资组建的监理企业，也包括中外企业合资组建的监理企业。合资企业各方按照投入资金多少或按约定的合资章程的规定对合资监理企业承担一定的责任，同时享有相应的权利。合资监理企业依法享有民事权利，承担民事责任。

③合作监理企业。对于风险较大、规模较大或技术复杂的工程建设项目的监理，一家监理企业难以胜任时，往往由两家甚至多家监理企业共同合作监理，并组成合作监理企业，经工商局注册，以独立法人的资格享有民事权利，承担民事责任。合作各方按照约定的合作章程分享利益和承担相应的责任。两家监理企业仅仅合作监理而不注册，不构成合作监理企业。

另外，还有合伙监理企业、个人独资监理企业两种形式。

（2）按资质等级分

工程监理企业资质分为综合资质、专业资质两个序列。综合资质不分等级。专业资质原则上分为甲、乙两个级别，并按照工程性质和技术特点划分为 10 个专业工程类别。

①综合资质监理企业。具有 5 个以上工程类别的专业甲级工程监理资质的，可以向国务院建设行政主管部门申请工程监理综合资质。综合资质监理企业不分资质等级，可以承担所有工程类别建设工程项目的工程监理业务。

②专业资质监理企业。专业资质分为甲级、乙级。专业甲级资质可承担相应专业工程类别建设工程项目的工程监理业务，专业乙级工程监理企业可以监理相应专业工程类别二级以下（含二级）建设工程项目的工程监理业务。

（3）按专业工程类别分

我国的专业工程类别按照工程性质和技术特点主要有建筑工程、市政公用工程、机电安装工程、通信工程、航空航天工程、铁路工程、电力工程、化工石油工程、矿山工程、冶炼工程等 10 类专业。每个专业工程类别按照工程规模和技术复杂程度又分为 2 个等级。

工程监理企业的业务可以涉及以上专业工程类别中的一个或几个，按照资质类别和等级的高低承担相应专业等级的监理业务。

2021 年 6 月 29 日住房和城乡建设部办公厅下发《关于做好建筑业"证照分离"改革衔接有关工作的通知》（建办市〔2021〕30 号文），为贯彻落实《国务院关于深化"证照分离"改革进一步激发市场主体发展活力的通知》（国发〔2021〕7 号）要求，深化建筑业"放管服"改革，做好改革后续衔接工作。

按照国发〔2021〕7 号文件要求，自 2021 年 7 月 1 日起，各级住房和城乡建设主管部门停止受理本文附件所列建设工程企业资质的首次、延续、增项和重新核定的申请，重新核定事项含《住房城乡建设部关于建设工程企业发生重组、合并、分立等情况资质核定有关问题的通知》（建市〔2014〕79 号）规定的核定事项。2021 年 7 月 1 日前已受理的，按照原资质标准进行审批。

为做好政策衔接，自 2021 年 7 月 1 日至新的建设工程企业资质标准实施之日止，附件所列资质证书继续有效，有效期届满的，统一延期至新的建设工程企业资质标准实施之日。

国发〔2021〕7号文件决定取消建设工程企业资质中监理企业资质(见表2-1)。

工程监理企业取消的资质

资质类别	序号	工程监理企业资质类型	等级
专业资质	1	房屋建筑工程专业	丙级
	2	市政公用工程专业	丙级
	3	公路工程专业	甲、乙、丙级
	4	水利水电工程专业	甲、乙、丙级
	5	港口与航道工程专业	甲级、乙级
	6	农林工程专业	甲级、乙级
事务所资质	1	事务所资质	不分等级

2.1.2 项目监理机构的确立

项目监理机构建立的步骤如图2-1所示。

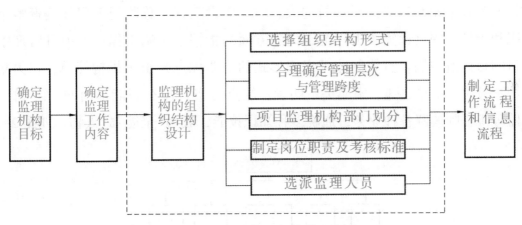

图 2-1 项目监理机构监理步骤

项目监理机构监理步骤图的说明如下。

①建设工程监理目标是项目监理机构建立的前提，项目监理机构的建立应根据委托监理合同确定的监理目标，制定总目标并明确划分监理机构的分解目标。

②监理工作的归并及组合应便于监理目标控制，并综合考虑监理工程的组织管理模式、工程结构特点、合同工期要求、工程复杂程度、工程管理及技术特点；还应考虑监理单位自身组织管理水平、监理人员数量、技术业务特点等。

③组织结构形式选择的基本原则是：有利于工程合同管理，有利于监理目标控制，有利

于决策指挥，有利于信息沟通。

④项目监理机构中一般应有三个层次：决策层由总监理工程师和其他助手组成；中间控制层，即协调层和执行层，一般由各专业监理工程师组成；作业层即操作层，主要由监理员、检查员等组成。

⑤项目监理机构中应按监理工作内容形成相应的管理部门。

⑥监理人员的选择除应考虑个人素质外，还应考虑人员总体构成的合理性与协调性。我国《建设工程监理规范》规定，项目总监理工程师应由具有三年以上同类工程监理工作经验的人员担任；总监理工程师代表应由具有二年以上同类工程监理工作经验的人员担任；专业监理工程师应由具有一年以上同类工程监理工作经验的人员担任。并且项目监理机构的监理人员应专业配套、数量满足建设工程监理工作的需要。

2.1.3 项目监理组织形式

1. 直线制监理组织形式

直线制监理组织形式的特点是项目监理机构中任何一个下级只接受唯一上级的命令。各级部门主管人员对所属部门的问题负责，项目监理机构中不再另设职能部门。这种组织形式适用于能划分为若干相对独立的子项目的大、中型建设工程。总监理工程师负责整个工程的规划、组织和指导，并负责整个工程范围内各方面的指挥、协调工作；子项目监理组分别负责各子项目的目标值控制。直线制监理组织形式的主要优点是组织机构简单，权力集中，命令统一，职责分明，决策迅速，隶属关系明确；缺点是实行没有职能部门的"个人管理"，这就要求总监理工程师博晓各种业务，通晓多种知识技能，成为"全能"式人物。如图2-2所示。

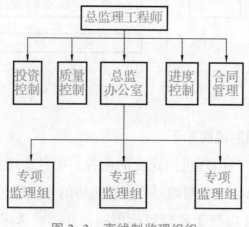

图2-2 直线制监理组织

2. 职能制监理组织形式

职能制监理组织形式，是在监理机构内设立一些职能部门，把相应的监理职责和权力交给职能部门，各职能部门在本职能范围内有权直接指挥下级，此种组织形式一般适用于大、中型建设工程。这种组织形式的主要优点是加强了项目监理目标控制的职能化分工，能够发挥职能机构的专业管理作用，但由于下级人员受多头领导，如果上级指令相互矛盾，将使下级在工作中无所适从。如图 2-3 所示。

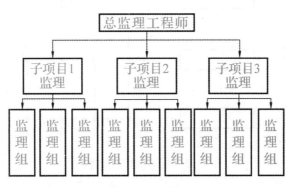

图 2-3　职能制监理组织

3. 直线职能制监理组织形式

直线职能制监理组织形式是吸收了直线制监理组织形式和职能制监理组织形式的优点而形成的一种组织形式。这种形式保持了直线制组织实行直线领导、统一指挥、职责清楚的优点，另一方面又保持了职能制组织目标管理专业化的优点；其缺点是职能部门与指挥部门易产生矛盾，信息传递路线长，不利于互通情报。如图 2-4 所示。

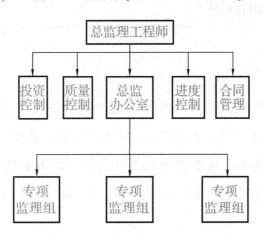

图 2-4　直线职能制监理组织

4. 矩阵制监理组织形式

矩阵制监理组织形式是由纵横两套管理系统组成的矩阵性组织结构，一套是纵向的职能系统，另一套是横向的子项目系统。这种形式的优点是加强了各职能部门的横向联系；缺点是纵横向协调工作量大，处理不当会造成扯皮现象，产生矛盾。如图 2-5 所示。

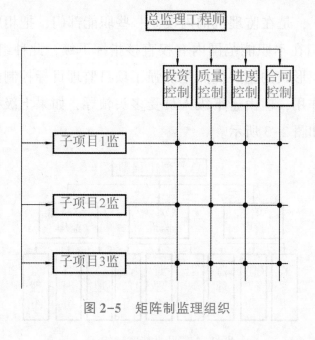

图 2-5 矩阵制监理组织

2.2 监理工程师

2.2.1 监理工程师的概念

1. 监理工程师的概念

注册监理工程师简称监理工程师，是指经考试取得中华人民共和国监理工程师资格证书，并按照《注册监理工程师管理规定》（建设部令 147 号）注册，取得中华人民共和国监理工程师注册执业证书和执业印章，从事工程监理及相关业务活动的专业技术人员。

未取得注册证书和执业印章的人员，不得以注册监理工程师的名义从事工程监理及相关业务。

经政府注册确定的监理工程师具有相应岗位责任的签字权。而从事工程建设监理工作，但尚未取得监理工程师注册执业证书的其他人员则统称为监理员。

监理工程师不得以个人的名义承接工程监理业务，可以受聘于一个具有建设工程勘察、设计、施工、监理、招标代理、造价咨询等一项或者多项资质的单位，从事工程监理、工程经济与技术咨询、工程招标与采购咨询、工程项目管理服务，以及国务院有关部门规定的其他业务。

2.2.2 监理工程师的职责

施工阶段，按照《建设工程监理规范》的规定，项目总监理工程师、总监理工程师代表、专业监理工程师和监理员应分别履行以下职责。

1. 总监理工程师职责

(1) 确定项目监理机构人员的分工和岗位职责。

(2) 主持编写项目监理规划、审批项目监理实施细则，并负责管理项目监理机构的日常工作。

(3) 审查分包单位的资质，并提出审查意见。

(4) 检查和监督监理人员的工作，根据工程项目的进展情况可进行人员调配，对不称职的人员应调换其工作。

(5) 主持监理工作会议，签发项目监理机构的文件和指令。

(6) 审定承包单位提交的开工报告、施工组织设计、技术方案、进度计划。

(7) 审核签署承包单位的申请、支付证书和竣工结算。

(8) 审查和处理工程变更。

(9) 主持或参与工程质量事故的调查。

(10) 调解建设单位与承包单位的合同争议、处理索赔、审批工程延期。

(11) 组织编写并签发监理月报、监理工作阶段报告、专题报告和项目监理工作总结。

(12) 审核签认分部工程和单位工程的质量检验评定资料，审查承包单位的竣工申请，组织监理人员对待验收的工程项目进行质量检查，参与工程项目的竣工验收。

(13) 主持整理工程项目的监理资料。

总监理工程师不得将下列工作委托总监理工程师代表。

① 主持编写项目监理规划、审批项目监理实施细则。

② 签发工程开工/复工报审表、工程暂停令、工程款支付证书、工程竣工报验单。

③ 审核签认竣工结算。

④ 调解建设单位与承包单位的合同争议、处理索赔。

⑤ 根据工程项目的进展情况进行监理人员的调配，调换不称职的监理人员。

2. 总监理工程师代表职责

(1) 负责总监理工程师指定或交办的监理工作。

(2) 按总监理工程师的授权，行使总监理工程师的部分职责和权力。

3. 专业监理工程师职责

（1）负责编制本专业的监理实施细则。

（2）负责本专业监理工作的具体实施。

（3）组织、指导、检查和监督本专业监理员的工作，当人员需要调整时，向总监理工程师提出建议。

（4）审查承包单位提交的涉及本专业的计划、方案、申请、变更，并向总监理工程师提出报告。

（5）负责本专业分项工程验收及隐蔽工程验收。

（6）定期向总监理工程师提交本专业监理工作实施情况报告，对重大问题及时向总监理工程师汇报和请示。

（7）根据本专业监理工作实施情况做好监理日记。

（8）负责本专业监理资料的收集、汇总及整理，参与编写监理月报。

（9）核查进场材料、设备、构配件的原始凭证、检测报告等质量证明文件及其质量情况，根据实际情况认为有必要时对进场材料、设备、构配件进行平行检验，合格时予以签认。

（10）负责本专业的工程计量工作，审核工程计量的数据和原始凭证。

4. 监理员职责

（1）在专业监理工程师的指导下开展现场监理工作。

（2）检查承包单位投入工程项目的人力、材料、主要设备及其使用、运行状况，并做好检查记录。

（3）复核或从施工现场直接获取工程计量的有关数据并签署原始凭证。

（4）按设计图及有关标准，对承包单位的工艺过程或施工工序进行检查和记录，对加工制作及工序施工质量检查结果进行记录。

（5）担任旁站工作，发现问题及时指出并向专业监理工程师报告。

（6）做好监理日记和有关的监理记录。

2.2.3 监理工程师的权利与义务

1. 监理工程师的法律地位

监理工程师的法律地位是由国家法律法规确定的，并建立在委托监理合同的基础上。监理工程师的法律地位主要体现在执业过程中享有的权利和应履行的义务。

（1）监理工程师享有的权利

①使用注册监理工程师称谓。

②在规定范围内从事执业活动。

③依据本人的能力从事相应的职业活动。

④保护和适用本人的注册证书和职业印章。

⑤对本人执业活动进行解释和辩护。

⑥接受继续教育。

⑦获得相应的劳动报酬。

⑧对侵犯本人的行为进行申诉。

（2）监理工程师应履行的义务

①遵守法律法规和相关的规定。

②履行管理职责，执行技术标准、规范和规程。

③保证执业活动成果的质量，并承担相应责任。

④接受继续教育，努力提高执业水准。

⑤在本人执业活动所形成的工程监理文件上签字、加盖执业印章。

⑥保守在执业中知悉的国家秘密和他人的商业、技术秘密。

⑦不得涂改、倒卖、出租、出借或者以其他形式非法转让注册证书或执业印章。

⑧不得同时在两个或者两个以上的单位受聘或执业。

⑨在规定的职业范围和聘用单位业务范围内从事执业活动。

⑩协助注册管理机构完成相关的工作。

2. 监理工程师的素质要求

监理工程师在建设工程中处于核心地位，提供的是一种高智能的服务。工程目标实现的好坏与监理工程师的服务水平是直接相关的。由于监理工程师的工作不仅是集技术、管理、经济、法律等多学科知识，能够对工程建设进行监督管理，提出指导性意见，而且要有较强的组织协调能力，能够组织协调各方的建设行为。这些工作特点对监理工程师的业务水平和素质提出了较高的要求。

（1）监理工程师要有良好的思想素质

监理工程师良好的思想素质主要体现在以下几个方面。

①热爱社会主义祖国、热爱人民、热爱建设事业。这是我们提高责任心、端正工作作风、努力进取和搞好工程建设的动力。

②具有科学的工作态度。要坚持严谨求实、一丝不苟的科学态度，一切从实际出发，用数据说话，要做到事前有依据，事后有证据，不能草率从事，以使问题能得到迅速而正确的解决。

③具有廉洁奉公、为人正直、办事公道的高尚道德情操。对自己不谋私利；对业主和上级，能站在公正立场上贯彻其合理意图。

④具有良好的性格。能够听取不同方面的意见，冷静分析问题。

⑤具有良好的职业道德。在职业过程中不得损坏任何一方的利益。

（2）监理工程师要具有良好的业务素质

①监理工程师应具有较高的学历和复合型的知识结构。现代工程建设，工艺越来越先进，材料设备越来越新颖。监理工程师应具有大专以上学历，且在工作中要不断学习和掌握一定的工程经济、法律和管理方面的理论知识，并总结经验，结合国外的先进经验进行技术、管理、知识的更新，努力提高自身的专业技能，成为一专多能的复合型人才，使监理企业成为真正的智力密集型的知识群体。

②监理工程师要有丰富的工程实践经验。工程建设实践经验就是理论知识在工程建设中成功地应用。一般来说，一个人在工程建设中工作的时间越长，参与经历的工程项目多，经营丰富。工程建设中出现失误或对问题处理不当，往往与经验不足有关。监理工程师每天都要处理很多有关工程实施中的设计、施工、材料等问题以及面对复杂的人际关系，仅有一些理论知识，而缺乏工程实践经验是难以出色地做好监理工作的。我国在考核监理工程师的资格中，其体现对实践经验要求的条件是具有高级专业技术职称或取得中级专业技术职称后具有 3 年以上实践经验。

③监理工程师要有较强的组织协调能力。组织协调工作将贯穿于整个建设工程实施及其管理的全过程。组织协调参与工程建设各方面的关系，使参建各方的能力能最大程度地发挥，是监理工程师能力的体现。监理工程师作为合同双方的纽带和桥梁，应做好协调、缓冲工作，为各方营造一个良好的合作氛围，使得各方主动接受监理工程师的组织协调和监督，有力推动工程顺利开展。

（3）监理工程师要具有良好的身心素质

为了有效地对工程项目实施控制，监理工程师必须经常深入到工程建设第一线。由于现场工作强度高、流动性大、工作条件差、任务重，监理工程师必须具有健康的身体和充沛精力，否则难以胜任监理工作。我国从人们的体质上考虑，规定年满 65 周岁就不宜再承担监理工作。年满 65 周岁的监理工程师也就不再予以注册。

监理工程师在工作过程中，要处理纷繁复杂的人际关系和利益纠纷，如果没有健康的心理素质和强大的心理能量，是无法胜任监理工作的。

3. 监理工程师的职业修养和职业道德

监理工程师应具有科学的工作态度，廉洁奉公、办事公道的高尚情操，有高度的责任心和团队精神。监理工作往往是由多个监理工程师协同完成的，监理工程师的责任心和协作精神非常重要，每位监理工程师都必须确保自身监理工作质量，并对自己的工作成果负责，才能确保整个监理项目的成果。

良好的职业道德是监理工程师一项重要的素质，也是对监理工程师监理工作的必然要求。

在监理行业中，监理工程师应严格遵守以下职业守则。

(1)维护国家的荣誉和利益，按照"守法、诚信、公正、科学"的准则执业。

(2)执行有关工程建设的法律、法规、规范、标准和制度，履行监理合同规定的义务和责任。

(3)努力学习专业技术和建设监理知识，不断提高业务能力和专业水平。

(4)不以个人名义承揽监理业务。

(5)不同时在两个或两个以上监理企业注册和从事监理活动，不在政府部门和施工、材料设备的生产供应等单位兼职。

(6)不为所监理的工程建设项目指定承建商、建筑构配件、设备、材料和施工方法。

(7)不收受被监理单位的任何礼金。

(8)不泄露所监理工程各方认为需要保密的事项。

(9)坚持独立自主地开展工作。

在国外，监理工程师的职业道德准则，由其协会组织制定并监督实施。国际咨询工程师联合会(FIDIC)分别从对社会和职业的责任、能力、正直性、公正性、对他人的公正这5个问题计14个方面，规定了监理工程师的道德行为准则，可供我国的监理工程师学习参考。

2.2.4 监理工程师的法律责任

监理工程师的法律责任与其法律地位密切相关，同样是建立在法律法规和委托监理合同的基础上。因而，监理工程师法律责任的表现行为主要有两方面：一是违反法律法规的行为，二是违反合同约定的行为。

《建设工程质量管理条例》第36条规定："工程监理单位应当依照法律、法规以及有关技术标准、设计文件工程承包合同，代表建设单位对施工质量实施监理并对施工质量承担监理责任。"

《中华人民共和国刑法》第137条规定："建设单位、设计单位、施工单位、工程监理单位违反国家规定，降低工程质量标准，造成重大安全事故的，对直接责任人员处五年以下有期徒刑或者拘役，并处罚金；后果特别严重的，处五年以上十年以下有期徒刑，并处罚金。"

如果监理工程师有下列行为之一，则应承担一定的监理责任。

①未对施工组织设计中的安全技术措施或者专项施工方案进行审查。

②发现安全隐患未及时要求施工单位整改或者暂时停止施工。

③施工单位拒不整改或者停止施工，未及时向有关主管部门报告。

④未依照法律、法规和工程建设强制性标准实施监理。

2.2.5 监理工程师执业资格考试与注册

1. 监理工程师执业资格考试

根据住房城乡建设部、交通运输部、水利部、人力资源社会保障部关于印发《监理工程师职业资格制度规定》《监理工程师职业资格考试实施办法》(建人规〔2020〕3号)文件精神，监理工程师职业资格考试实行全国统一大纲、统一命题、统一组织。

考试报名实行网上报名、网上交费。应试人员须通过中国人事考试网(WWW. CPTA. COM. CN)的全国专业技术人员资格考试报名服务平台进行网上注册、报名和缴费。

(1)报考监理工程师的条件

①凡遵守中华人民共和国宪法、法律、法规，具有良好的业务素质和道德品行，具备下列条件之一者，可以申请参加监理工程师职业资格考试。

a. 具有各工程大类专业大学专科学历(或高等职业教育)，从事工程施工、监理、设计等业务工作满6年。

b. 具有工学、管理科学与工程类专业大学本科学历或学位，从事工程施工、监理、设计等业务工作满4年。

c. 具有工学、管理科学与工程一级学科硕士学位或专业学位，从事工程施工、监理、设计等业务工作满2年。

d. 具有工学、管理科学与工程一级学科博士学位。

经批准同意开展试点的地区，申请参加监理工程师职业资格考试的，应当具有大学本科及以上学历或学位。

②已取得监理工程师一种专业职业资格证书的人员，报名参加其他专业科目考试的，可免考基础科目。考试合格后，核发人力资源社会保障部门统一印制的相应专业考试合格证明。该证明作为注册时增加执业专业类别的依据。

③具备以下条件之一的，参加监理工程师职业资格考试可免考基础科目。

a. 已取得公路水运工程监理工程师资格证书。

b. 已取得水利工程建设监理工程师资格证书。

(2)考试科目

监理工程师职业资格考试设《建设工程监理基本理论和相关法规》《建设工程合同管理》《建设工程目标控制》《建设工程监理案例分析》4个科目。其中《建设工程监理基本理论和相关法规》《建设工程合同管理》为基础科目，《建设工程目标控制》《建设工程监理案例分析》为专业科目。专业科目分为土木建筑工程、交通运输工程、水利工程3个专业类别，考生在报名时可根据实际工作需要选择。

（3）考试成绩管理

监理工程师职业资格考试成绩实行4年为一个周期的滚动管理办法，在连续的4个考试年度内通过全部考试科目，方可取得监理工程师职业资格证书。免考基础科目和增加专业类别的人员，专业科目成绩按照2年为一个周期滚动管理。

考试成绩在中国人事考试网（网址：WWW. CPTA. COM. CN）查询。

2. 监理工程师注册

监理工程师注册制定是政府对监理人员实行市场准入控制的有效手段。监理人员经注册，即表明获得了政府对其监理工程师名义从业的行政许可，因而具有相应工种岗位的责任和权力。仅取得《监理工程师执业资格证书》，没有取得《监理工程师注册证书》的人员，则不具备这些权力，也不承担相应的责任。

注册分为三种形式，即初始注册、续期注册和变更注册。按照国家有关法规规定，监理工程师只能在一家企业、按照专业类别最多可以申请两个专业注册。

（1）初始注册

经考试合格，取得《监理工程师执业资格证书》的，可以在3年内申请监理工程师初始注册。

①申请监理工程师初始注册，一般要提供下列材料。

a. 监理工程师注册申请表。

b. 申请人的资格证书和身份证复印件。

c. 申请人与聘用单位签订的聘用劳动合同复印件。

d. 所学专业、工作经历、工程业绩、工程类中职及中职以上职称等有关证件的证明材料。

e. 超过3年未注册的，应当提供达到继续教育要求的证明材料。

②申请初始注册按照以下程序。

a. 申请人向聘用单位提出申请。

b. 聘用单位同意后，连同上述材料由聘用企业向所在省、自治区、直辖市人民政府建设行政主管部门提出申请。

c. 省、自治区、直辖市人民政府建设行政主管部门初审合格后，报国务院建设行政主管部门。

d. 国务院建设行政主管部门对初审意见进行审核，对符合条件者准予注册，并颁发由国务院建设行政主管部门统一印制的《监理工程师注册证书》和执业印章。

省、自治区、直辖市人民政府建设行政主管部门的初审和国务院建设行政主管部门对初审意见进行审核时限都是从受理材料开始后的20日内。

（2）延续注册

注册监理工程师每一注册有效期为3年，注册有效期满需继续执业的，应当在注册有效期30日前申请延续注册。

①延续注册应提交下列材料。

a. 申请人延续注册申请表。

b. 申请人与聘用单位签订的聘用劳动合同复印件。

c. 申请人注册有效期内达到继续教育要求的证明材料。

②申请续期注册的程序。

a. 申请人向聘用单位提出申请。

b. 聘用单位后，连同上述材料由聘用企业向所在省、自治区、直辖市人民政府建设行政主管部门提出申请。

c. 省、自治区、直辖市人民政府建设行政主管部门在受理申请后5日内进行审查完毕。

d. 省、自治区、直辖市人民政府建设行政主管部门将申请材料和初审意见报国务院建设行政主管部门，国务院建设行政主管部门自收到上报材料后10日内审批完毕并作出书面决定。

（3）变更注册

在注册有效期内，注册监理工程师变更执业单位，应当与原聘用单位解除劳动关系，办理变更注册，注册后仍延续原注册有效期。

①申请变更注册需提交以下资料。

a. 申请人变更注册申请表。

b. 申请人与新聘用单位签订的聘用劳动合同复印件。

c. 申请人的工作调动证明（与原聘用单位解除聘用劳动合同或者聘用劳动合同到期的证明文件、退休人员的退休证明）。

②变更注册的变更程序与延续注册的程序一样。

需要注意的是，监理工程师办理变更注册后，一年内不能再次进行变更注册。

（4）不能获得初始注册、延续注册或者变更注册的情况

a. 不具备完全民事行为能力的。

b. 刑事处罚尚未执行完毕或者因从事工程监理或者相关业务受到刑事处罚，自刑事处罚完毕之日起至申请注册之日止不满2年的。

c. 未达到监理工程师继续教育要求的。

d. 在两个或者两个以上单位申请注册的。

e. 以虚假的职称证书参加考试并取得资格证书的。

f. 年龄65周岁及以上。

g. 法律、法规规定不予注册的其他情形。

（5）注册证书失效作废的情况

a. 不具有完全民事行为能力的。

b. 申请注销注册的。

c. 聘用单位破产的、被吊销营业执照的、被吊销资质证书的。

d. 已与聘用单位解除劳动合同的。

e. 注册有效期满且为延续注册的。

f. 年龄超过 65 周岁的。

g. 死亡或者丧失行为能力的。

h. 依法被撤销注册的。

i. 受到刑事处罚的。

j. 法律、法规规定应当注销或失效注册的其他情形。

被撤销注册或者不予注册的监理工程师，在重新具备注册条件后，可以重新申请注册。

3. 监理工程师的继续教育

随着现代科学技术日新月异的发展，注册后的监理工程师不能一劳永逸地停留在原有知识水平上，而是随着时代的进步不断更新知识、扩大其知识面，学习新的理论知识、政策法规，了解新技术、新工艺、新材料、新设备，这样才能不断提高执业能力和工作水平，以适应建设事业发展及监理实务的需要。因此，我国规定，每个注册有效期内必须完成规定的继续教育要求。继续教育作为注册监理工程师逾期初始注册、延续注册和重新注册的条件之一。

【知识链接】

继续教育可采取多种不同的方式，如脱产学习、集中授课、参加研讨会（班）、网络学习等。继续教育的内容应紧跟业务内容更新。继续教育的内容分为必修课和选修课，在每一注册有效期内要求各为 48 学时。

基础考核

一、单项选择题（每题的备选项中，只有 1 个最符合题意）

1. 工程监理企业资质分为综合资质、专业资质和事务所资质。其中（　　）专业资质可设立丙级。

A. 房屋建筑　　　　B. 冶炼工程　　　　C. 矿山工程　　　　D. 化工石油

2. 下列行为要求中，既属于监理工程师职业道德又属于监理工程师义务的是（　　）。

A. 不收受被监理单位的任何礼金

B. 保证执业活动成果的质量，并承担相应责任

C. 不泄露与监理工程有关的需要保密的事项

D. 坚持独立自主地开展工作

3. 根据《注册监理工程师管理规定》，下列权利和义务中，属于注册监理工程师享有的权利是（　　　）。

A. 保证执业活动成果的质量

B. 依据本人能力从事相应的执业活动

C. 在规定的执业范围和聘用单位业务范围内从事执业活动

D. 接受继续教育，努力提高执业水准

4. 项目总承包管理模式的主要优点是（　　　）。

A. 有利于投资控制 　　　　　　　　　 B. 有利于择优选择承建单位

C. 有利于质量控制 　　　　　　　　　 D. 有利于合同管理

5. 根据项目监理机构中管理层次的确定，监理员一般执行（　　　）的工作。

A. 协调层 　　　　　 B. 执行层 　　　　　 C. 决策层 　　　　　 D. 操作层

二、多项选择题（每题的备选项中，有 2 个或 2 个以上符合题意，至少有 1 个错项）

1. 监理工程师从事监理工作时应严格遵循的职业道德守则是（　　　）。

A. 维护国家的荣誉和利益，按照"守法、诚信、公正、科学"的准则执业

B. 可以个人名义承揽监理业务

C. 不同时在两个及以上监理单位注册和从事监理活动

D. 尽量为所监理项目指定施工方法

E. 坚持独立自主地开展工作

2. 下列职责属于专业监理工程师的是（　　　）。

A. 负责总监指定或者交办的监理工作

B. 审核签认竣工结算

C. 负责本专业的监理实施细则

D. 根据本专业监理实施的情况做好监理日志

E. 负责本专业分项工程验收及隐蔽工程验收

3. 项目监理组织形式有（　　　）。

A. 直线制 　　　　　 B. 职能制 　　　　　 C. 直线职能制 　　　　　 D. 平行制

E. 矩阵制

4. 直线职能制监理组织形式的优点（　　　）。

A. 职能部门与指挥部门不易产生矛盾 　　 B. 信息线路较短，有利于互通情报

C. 目标管理专业化 　　　　　　　　　　 D. 职责清楚

E. 直线领导，统一指挥

5. 项目总承包模式的缺点有( )。

A. 业主选择承包方范围小　　　　B. 合同关系复杂

C. 建设周期短　　　　　　　　　　D. 不利于投资控制

E. 质量控制难度大

技能实训

某市一化工公司委托天南监理公司为其化工厂建设项目进行监理服务，双方通过协商，就服务范围等事项达成协议，并签订了监理委托合同。委托工作范围为化工厂项目的两期工程建设：一期工程施工阶段监理和二期工程设计与施工阶段监理。总监理工程师在该项目上配备了设计阶段监理工程师8人，施工阶段监理工程师20人，并分设计阶段和施工阶段制定了监理规划。

在某次监理工作例会上，总监理工程师强调了设计阶段监理工程师下周的工作重点是审查二期工程的施工图预算，要求重点审查工程量是否准确、预算单价套用是否正确、各项取费标准是否符合现行规定等内容。

子项目监理工程师小杨在一期工程的施工监理中发现承包方未经申报，擅自将催化设备安装工程分包给某工程公司并进场施工，立即向承包方下达了停工指令，要求承包方上报分包单位资质材料。承包方随后送来了该分包单位资质证明，小杨审查后向承包方签署了同意该分包单位分包的文件。小杨还审核了承包方送来的催化设备安装工程施工进度的保证措施，并提出了改进建议。承包方抱怨说，由于业主供应的部分材料尚未到场，有些保证措施无法落实，会影响工程进度。小杨说："我负责给你们协调，我去施工现场巡视一下。"然后就去找业主。

【问题】

1. 对该项目天南监理公司应派出几名总监理工程师？为什么？

2. 总监理工程师建立项目监理机构应选择什么结构形式？总监理工程师分阶段制定监理规划是否妥当？为什么？

3. 根据监理人员的职责分工，指出小杨的工作哪些是履行了自己的职责，哪些不属于小杨应履行的职责？不属于小杨履行的职责应由谁履行？

链接执考

一、【2018年监理工程师考试，单项选择题】

1. 工程监理单位签订工程监理合同后，组建项目监理机构，严格按法律、法规和工程建设标准等实施监理，这体现了建设工程监理的(   )。

A. 服务性   B. 科学性   C. 独立性   D. 公平性

参考答案：C

【2019 年监理工程师考试，单项选择题】

2. 根据《建设工程监理范围和规划标准规定》，必须实行监理的工程师(   )。

A. 总投资额 2 000 万元的学校项目   B. 总投资额 2 000 万元的供水项目

C. 总投资额 2 000 万元的通信项目   D. 总投资额 2 000 万元的地下管道项目

参考答案：A

二、【2019 年监理工程师考试，多项选择题】

1. 根据《建设工程监理规范》属于总监理工程师的职责不得委托给总监理工程师代表的工作包括(   )。

A. 组织审查施工组织设计   B. 组织审查工程开工报审表

C. 组织审核施工单位的付款申请   D. 组织工程竣工预验收

E. 组织编写工程质量评估报告

参考答案：ADE

2. 建设单位采用工程总承包模式的优点有(   )。

A. 有利于缩短建设周期   B. 组织协调工作量小

C. 有利于合同管理   D. 有利于招标发包

E. 有利于造价控制

参考答案：ABE

建筑工程质量控制

学习目标

【知识目标】

1. 了解建筑工程质量的概念及特点。
2. 熟悉建筑工程质量的控制手段。
3. 掌握建筑工程质量控制的依据及工作流程。
4. 掌握施工过程质量控制内容。
5. 熟悉质量问题和质量事故的处理程序。

【技能目标】

1. 熟悉旁站监督检查等质量控制手段，进行施工质量控制。
2. 发生质量问题和质量事故后，能应急处理或及时上报。

思维导图

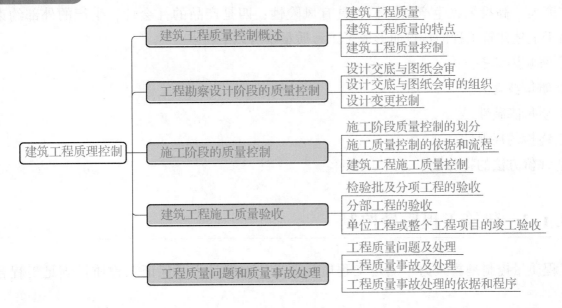

建筑工程质理控制
- 建筑工程质量控制概述
  - 建筑工程质量
  - 建筑工程质量的特点
  - 建筑工程质量控制
- 工程勘察设计阶段的质量控制
  - 设计交底与图纸会审
  - 设计交底与图纸会审的组织
  - 设计变更控制
- 施工阶段的质量控制
  - 施工阶段质量控制的划分
  - 施工质量控制的依据和流程
  - 建筑工程施工质量控制
- 建筑工程施工质量验收
  - 检验批及分项工程的验收
  - 分部工程的验收
  - 单位工程或整个工程项目的竣工验收
- 工程质量问题和质量事故处理
  - 工程质量问题及处理
  - 工程质量事故及处理
  - 工程质量事故处理的依据和程序

3.1 建筑工程质量控制概述

3.1.1 建筑工程质量

建筑工程质量简称工程质量。工程质量是指工程满足业主需要的，符合国家法律、法规、技术规范标准、设计文件及合同规定的综合特性。

建设工程作为一种特殊的产品，除具有一般产品共有的质量特性，如性能、寿命、可靠性、安全性、经济性等满足社会需要的使用价值及其属性外，还具建设工程质量的特性。建筑工程质量特性包括以下几方面。

①适用性。

②耐久性。

③安全性。

④可靠性。

⑤经济性。

⑥与环境的协调性。

六个方面的质量特性彼此之间是相互依存的，总体而言，适用、耐久、安全、可靠、经济、与环境的协调性，都是必须达到的基本要求，缺一不可。

3.1.2 建筑工程质量的特点

建筑工程质量的特点是由建筑工程本身和建设生产的特点决定的。建筑工程(产品)及其生产的特点：一是产品的固定性，生产的流动性；二是产品多样性，生产的单件性；三是产品形体庞大、高投入、生产周期长、具有风险性；四是产品的社会性，生产的外部约束性。正是由于上述建筑工程的特点而形成了工程质量本身以下特点。

① 影响因素多。

② 质量波动大。

③ 质量隐蔽性。

④ 终检的局限性。

⑤ 评价方法的特殊性。

3.1.3 建筑工程质量控制

工程质量控制是指致力于满足工程质量要求，也就是为了保证工程质量满足工程合同、规范标准所采取的一系列措施、方法和手段。工程质量要求主要表现为工程合同、设计文件、技术规范标准规定的质量标准。

工程质量的检查评定及验收是按检验批、分项工程、分部工程、单位工程进行的。检验批的质量是分项工程乃至整个工程质量检验的基础，检验批合格质量主要取决于主控项目和一般项目经抽样检验的结果。隐蔽工程在隐蔽前要检查合格后验收，涉及结构安全的试块、试件及有关材料应按规定进行见证取样检测，涉及结构安全和使用功能的重要分部工程要进行抽样检测。工程质量是在施工单位按合格质量标准自行检查评定的基础上，由监理工程师（或建设单位项目负责人）组织有关单位、人员进行检验确认验收。这种评价方法体现了"验评分离、强化验收、完善手段、过程控制"的指导思想。

3.2 工程勘察设计阶段的质量控制

勘察设计质量控制的概念，就是在严格遵守技术标准、法规的基础上，对工程地质条件作出及时、准确的评价，正确处理和协调经济、资源、技术、环境条件的制约，使设计项目能更好地满足业主所需要的功能和使用价值，能充分发挥项目投资的经济效益。

3.2.1 设计交底与图纸会审

设计交底是指在施工图完成并经审查合格后，设计单位在设计文件交付施工时，按法律规定的义务就施工图设计文件向施工单位和监理单位作出详细的说明。其目的是对施工单位和监理单位正确贯彻设计意图，使其加深对设计文件特点、难点、疑点的理解，掌握关键工程部位的质量要求，确保工程质量。

设计交底的主要内容一般包括以下几点。

施工图设计文件总体介绍，设计的意图说明，特殊的工艺要求，建筑、结构、工艺、设备等各专业在施工中的难点、疑点和容易发生的问题说明，对施工单位、监理单位、建设单位等对设计图纸疑问的解释等。

图纸会审是指承担施工阶段监理的监理单位组织施工单位及建设单位、材料、设备供货等相关单位，在收到施工图设计文件后，在设计交底前进行的全面细致熟悉和审查施工图纸的活动。其目的有两方面：一是使施工单位和各参建单位熟悉设计图纸，了解工程特点和设计意图，找出需要解决的技术难题，并制定解决方案；二是为了解决图纸中存在的问题，减少图纸的差错，将图纸中的质量隐患消灭在萌芽之中。图纸会审的内容一般包括如下内容。

①是否无证设计或越级设计；图纸是否经设计单位正式签署。

②地质勘探资料是否齐全。

③设计图纸与说明是否齐全，有无分期供图的时间表。

④设计地震烈度是否符合当地要求。

⑤几个设计单位共同设计的图纸相互间有无矛盾；专业图纸之间、平立剖面图之间有无矛盾；标注有无遗漏。

⑥总平面与施工图的几何尺寸、平面位置、标高等是否一致。

⑦防火、消防是否满足要求。

⑧建筑结构与各专业图纸本身是否有差错及矛盾；结构图与建筑图的平面尺寸及标高是否一致；建筑图与结构图的表示方法是否清楚；是否符合制图标准；预埋件是否表示清楚；有无钢筋明细表；钢筋的构造要求在图中是否表示清楚。

⑨施工图中所列各种标准图册，施工单位是否具备。

⑩材料来源有无保证，能否代换；图中所要求的条件能否满足；新材料、新技术的应用有无问题。

⑪地基处理方法是否合理，建筑与结构构造是否存在不能施工、不便于施工的技术问题，或容易导致质量、安全、工程费用增加等方面的问题。

⑫工艺管道、电气线路、设备装置、运输道路与建筑物之间或相互间有无矛盾，布置是否合理。

⑬施工安全、环境卫生有无保证。

⑭图纸是否符合监理大纲所提出的要求。

3.2.2 设计交底与图纸会审的组织

设计交底建设单位负责组织，设计单位向施工单位和承担施工阶段监理任务的监理单位等相关参建单位进行交底。图纸会审由建设单位组织参建各方共同参加。设计交底应在施工开始前完成。设计交底应由设计单位整理会议纪要，图纸会审应由施工单位整理会议纪要，与会各方会签。设计交底与图纸会审中涉及设计变更的尚应按监理程序办理设计变更手续。设计交底会议纪要、图纸会审会议纪要一经各方签认，即成为施工和监理的依据。

以上工作如建设单位在监理合同约定设计阶段相关服务内容时，也可委托相关监理单位完成设计交底与图纸会审工作。

3.2.3 设计变更控制

在施工图设计文件交与建设单位投入使用前或使用后，均会出现由于建设单位要求，或现场施工条件的变化，或国家政策法规的改变等原因而引起设计变更。设计变更可能由设计单位自行提出，也可能由建设单位提出，还可能由承包单位提出，不论谁提出都必须征得建设单位同意并且办理书面变更手续。

为了保证建设工程的质量，监理工程师应对设计变更进行严格控制，并注意以下几点。

①应随时掌握国家政策法规的变化，特别是有关设计、施工的规范、规程的变化，有关材料或产品的淘汰或禁用，并将信息尽快通知设计单位和建设单位，避免产生设计变更的潜在因素。

②加强对设计阶段的质量控制。特别是施工图设计文件的审核，对施工图节点做法的可施工性要根据自己的经验给予评判，对各专业图纸的交叉要严格控制会签工作，力争将矛盾和差错解决在出图之前。

③对建设单位和承包单位提出的设计变更要求要进行统筹考虑，确定其必要性，同时将设计变更对建设工期和费用的影响分析清楚并通报给建设单位，非改不可的要调整施工计划，以尽可能减少对工程的不利影响。

④要严格控制设计变更的签批手续，以明确责任，减少索赔，现将施工图设计文件投入使用前和使用后两种情况列出监理工程师对设计变更的控制程序，如图 3-1 和图 3-2 所示，设计阶段设计变更由该阶段监理单位负责控制，施工阶段设计变更由承担施工阶段监理任务的监理单位负责控制。

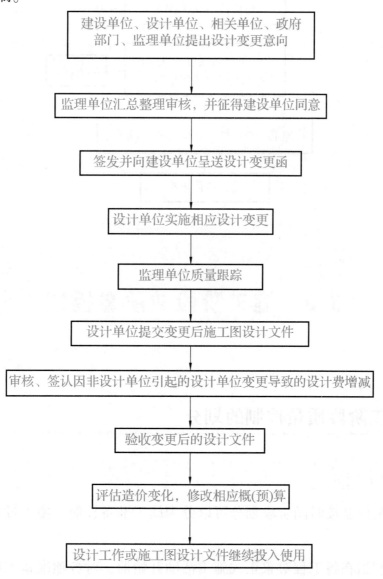

图 3-1　施工图设计文件投入使用前或设计阶段设计变更控制程序

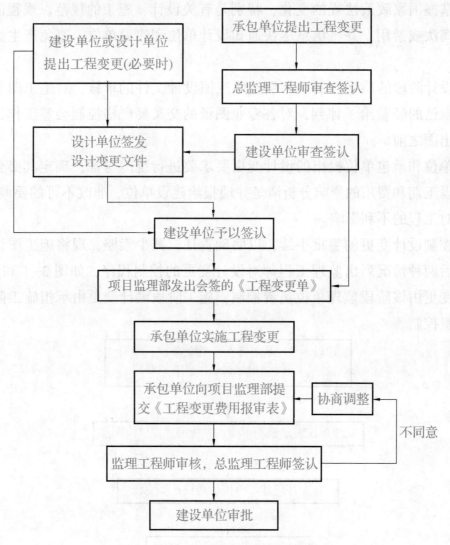

图 3-2 施工阶段设计变更控制程序

3.3 施工阶段的质量控制

3.3.1 施工阶段质量控制的划分

1. 按时间阶段划分

施工阶段的质量控制按时间阶段划分可以分为施工准备控制、施工过程控制和竣工验收控制三个环节。

①施工准备控制指在各工程对象正式施工活动开始前，对各项准备工作及影响质量的各

因素进行控制。这是确保施工质量的先决条件。

②施工过程控制指在施工过程中对实际投入的生产要素质量及作业技术活动的实施状态和结果所进行的控制，包括作业者发挥技术能力过程的自控行为和来自有关管理者的监控行为。

③竣工验收控制是指对于通过施工过程所完成的具有独立的功能和使用价值的最终产品（单位工程或整个工程项目）及有关方面（例如质量文档）的质量进行控制。

上述三个环节的质量控制系统过程及其所涉及的主要方面如图3-3所示。

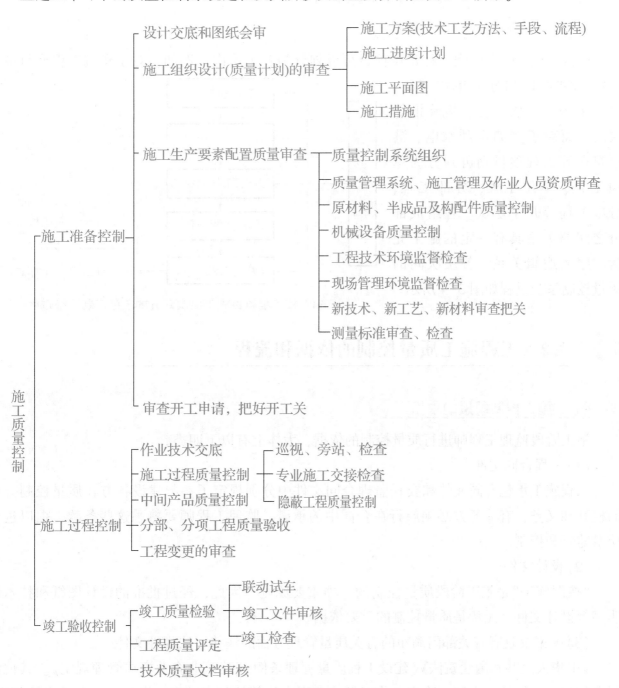

图3-3　施工阶段质量控制的系统控制过程

2. 按物质形态转化的阶段划分

由于工程对象的施工是一项物质生产活动，所以施工阶段的质量控制系统过程也是一个经由以下三个阶段的系统控制过程。

①对投入的物质资源质量的控制。

②施工过程质量控制，即在使投入的物质资源转化为工程产品的过程中，对影响产品质量的各因素、各环节及中间产品的质量进行控制。

③对完成的工程产出品质量的控制与验收。

3. 按工程项目施工层次划分

通常任何一个大中型工程建设项目可以划分为若干层次。例如，对于建筑工程项目按照国家标准可以划分为单位工程、分部工程、分项工程、检验批等层次；而对于诸如水利水电、港口交通等工程项目则可划分为单项工程、单位工程、分部工程、分项工程等几个层次。各组成部分之间的关系具有一定的施工先后顺序的逻辑关系。各层次间的质量控制系统过程如图3-4所示。

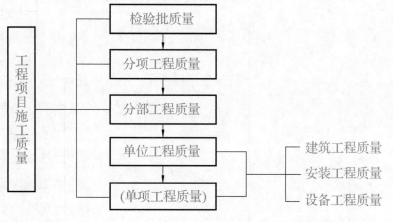

图3-4 按工程项目施工层次划分的质量控制系统过程

3.3.2 工程施工质量控制的依据和流程

1. 施工控制质量的依据

施工阶段监理工程师进行质量控制的依据，大体上有以下四类。

（1）工程合同文件

工程施工承包合同文件和委托监理合同文件中分别规定了参与建设各方在质量控制方面的权利和义务，有关各方必须履行在合同中的承诺。监理工程师要熟悉这些条款，据以进行质量监督和控制。

（2）设计文件

"按图施工"是施工阶段质量控制的一项重要原则。因此，经过批准的设计图纸和技术说明书等设计文件，无疑是质量控制的重要依据。

（3）国家及政府有关部门颁布的有关质量管理方面的法律、法规性文件

《中华人民共和国建筑法》《建设工程质量管理条例》《建筑业企业资质管理规定》。其他各行业如交通、能源、水利、冶金、化工等的政府主管部门和省、市、自治区的有关主管部门，也均根据本行业及地方的特点，制定和颁发了有关的法规性文件。

（4）有关质量检验与控制的专门技术法规性文件

2. 工程施工质量控制工作程序

施工阶段的质量控制是一个由对投入的资源和条件的质量控制，进而对生产过程及各环节质量进行控制，直到对所完成的工程产品的质量检验为止的全过程的系统控制过程，包括施工准备质量控制、施工过程质量控制和施工验收质量控制。因此，监理工程师的质量控制任务就是要对施工的全过程、全方位进行监督、检查与控制。施工阶段的质量控制程序如图3-5所示。

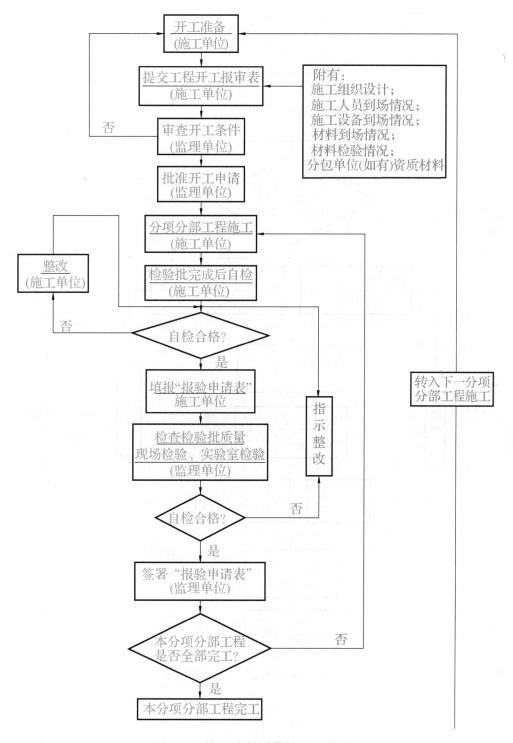

图3-5 施工阶段质量控制工作流程

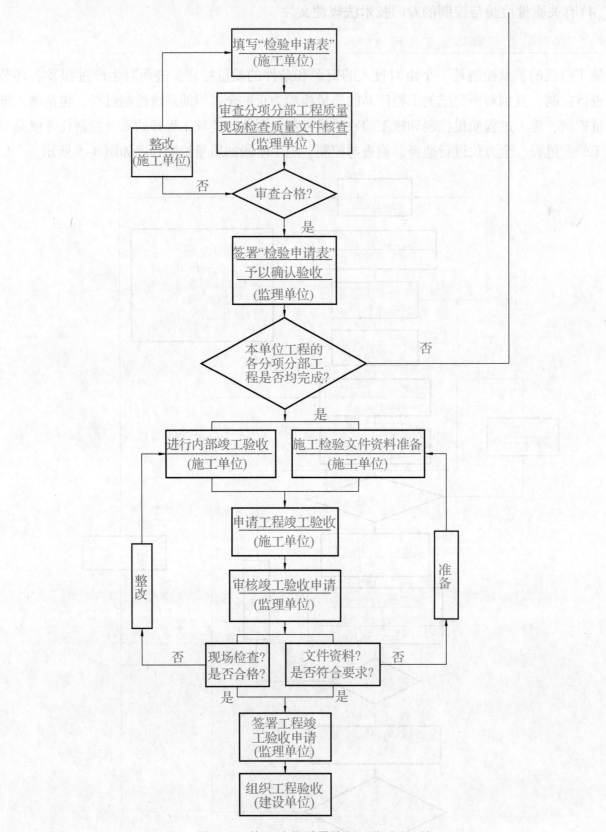

图 3-5 施工阶段质量控制工作流程(续)

3.3.3 建筑工程施工质量控制

1. 建筑施工准备阶段监理质量控制

（1）施工方法的控制

项目监理机构应要求施工单位必须严格按照批准的（或经过修改后重新批准的）施工组织设计（方案）组织施工。作业技术交底是对施工组织设计（方案）的具体化，是更细致、更具体的技术实施方案，是分项工程或工序施工的具体指导文件。分项工程技术交底，应明确做什么、谁来做、如何做、作业标准和要求、什么时间完成等。对于关键部位或技术难度大、施工复杂的分项工程施工前，施工单位的技术交底书（作业指导书）要报监理工程师，经审核同意后方可实施。

（2）质量控制点的设置

质量控制点是指为了保证施工过程质量而确定的重点部位、关键工序或薄弱环节，设置控制点是保证达到施工质量要求的必要前提。因此，监理工程师应要求施工单位报送重点部位、关键工序的施工工艺和确保工程质量的措施，审核同意后予以签认。比如，当施工单位采用新材料、新工艺、新技术、新设备时，施工单位应报送相应的施工工艺措施和证明材料，组织专题论证，经监理工程师审定后予以签认。

（3）施工现场劳动组织的控制

开工前监理工程师应检查与核实施工单位操作人员数量能否满足作业活动的需要，各工种配置能否保证施工的连续性和均衡性，管理人员是否到岗且配备齐全，特殊工种是否按规定持证上岗，相关制度及其配套措施是否健全。

（4）审查施工组织设计的工作程序及基本要求

①施工组织设计审查程序。

a. 施工单位必须完成施工组织设计的编制及自审工作，并填写施工组织设计（方案）报审表，报送项目监理机构。

b. 总监理工程师应在约定时间内，组织专业监理工程师审查，提出审查意见后，由总监理工程师审定批准。需要施工单位修改时，由总监理工程师签发书面的意见，退回施工单位修改后再报审，再由总监理工程师重新审定。

c. 已审定的施工组织设计（方案）由项目监理机构报送建设单位。

d. 施工单位应按审定的施工组织设计组织施工。如需对其内容做较大变更，应在实施前将变更内容书面报送项目监理机构重新审定。

e. 对规模大、结构复杂或属新结构、特种结构的工程，项目监理机构应在审查施工组织设计（方案）后，报送监理单位技术负责人审查，其审查意见由总监理工程师签发。必要时与建设单位协商，组织有关专家会审。

f. 规模大、工艺复杂的工程、群体工程或分期出图的工程，经总监理工程师批准可分阶段报审施工组织设计；技术复杂或采用新工艺的分部分项工程，施工单位还应编制专项施工方案，报项目监理机构审查。

②审查施工组织设计的基本要求。

a. 施工组织设计的编制、审查和批准应符合规定的程序。

b. 施工组织设计应符合国家政策法规、技术标准、设计文件和施工承包合同的规定和要求，贯彻"质量第一，安全第一"的原则。

c. 施工组织设计应具有针对性，必须充分了解并掌握工程的特点、难点和复杂程度，充分分析施工的条件和作业环境。

d. 施工组织设计应具有可操作性，施工方法必须切实可行，施工程序和顺序应合理，施工资源配置应满足需要，以保证施工工期和质量要求。

e. 技术方案应具有先进性，方案采用的技术和措施应先进、适用且成熟可靠。

f. 质量管理、技术管理和质量保证体系应健全且切实可行。

g. 安全、环保和现场文明施工措施应切实可行并符合有关规定。

h. 施工方案在施工的总体部署、施工起点流向及工艺关系等方面，与施工进度计划应保持一致。同时，对施工场地、道路、管线等方面的布置也应与施工总平面图协调一致。

i. 重要的分部分项工程，除在施工组织设计中作出主要规定外，施工单位还应在开工前向项目监理机构提交详细的包含施工方法、施工机械设备、人员配备、质量保证措施及进度计划安排等内容的专项施工方案，报请监理工程师审查认可后方能实施。

j. 在满足上述有关规定和要求的前提下，应尊重施工单位的自主技术决策和管理决策。

（5）质量管理体系审查

工程项目开工前，总监理工程师应审查施工单位现场项目管理机构的质量管理体系、技术管理体系和质量保证体系，确认其是否能够全面履行施工合同并保证工程项目施工质量。应审核以下内容。

①质量管理、技术管理和质量保证的组织机构。

②质量管理、技术管理制度。

③专职管理人员和特种作业人员的资格证、上岗证。

（6）分包单位资质审查

分包工程开工前，专业监理工程师应审查施工单位报送的《分包单位资格报审表》（表B.0.4）和分包单位有关资质资料，符合有关规定后，由总监理工程师予以签认。分包单位资格报审表应符合相应格式。如在施工合同中未指明分包单位，项目监理机构应对该分包单位的资格进行审查。对分包单位资格应审核以下内容。

①分包单位的营业执照、企业资质等级证书、特殊行业施工许可证、国外（境外）企业在国内承包工程许可证。

②分包单位的业绩。

③拟分包工程的内容和范围。

④专职管理人员和特种作业人员的资格证、上岗证。

（7）测量放线查验

工程测量放线是建设工程产品由设计转化为实物的第一步。施工测量质量的好坏，直接影响工程产品的整体质量，并且制约着施工过程中有关工序的质量。例如，测量控制基准点或高程有误，会导致建筑物或结构的位置或高程出现误差，从而影响整体质量。因此，工程测量控制是施工中事前控制的一项基础工作，是施工准备阶段的一项重要的监理工作内容。监理工程师应认真审核测量成果及现场查验桩、线的准确性及桩点、桩位保护措施的有效性，符合规定时，由专业监理工程师签认。专业监理工程师应要求施工单位报送《施工控制测量成果报验表》（表 B.0.5）按以下测量放线控制成果及保护措施进行检查。

①检查施工单位专职测量人员的岗位证书及测量设备鉴定证书。

②复核控制桩的校核成果、控制桩的保护措施，以及平面控制网、高程控制网和临时水准点的测量成果。

（8）进场材料、构配件、设备检验

监理工程师应对施工单位报送的拟进场工程材料、构配件和设备及其质量证明资料进行审核，并对进场的实物按照委托监理合同约定或有关工程质量管理文件规定的比例采用平行检验或见证取样方式进行抽检。对未经监理人员验收或验收不合格的工程材料、构配件、设备，监理人员应拒绝签认，并及时签发监理工程师通知单，书面通知施工单位限期将不合格的工程材料、构配件、设备撤出现场。

《工程材料、构配件、设备报审表》（表 B.0.6）应符合相应格式；《监理通知单》（表 A.0.3）应符合相应的格式。对新材料、新产品，施工单位应报送经有关部门鉴定、确认的证明文件；对进口材料、构配件和设备，施工单位还应报送进口商检证明文件，并按照事先约定，由建设单位、施工单位、供货单位、监理机构及其他有关单位进行联合检查。

（9）进场施工设备的控制

施工设备（施工机械设备、工具、测量及计量仪器的统称）进场后，施工单位应立即向项目监理机构报送施工设备报审表（见表 3-1）。监理工程师应按批准的施工组织设计中所列的设备清单内容进行现场核对，经审定后予以签认。

监理工程师还应经常检查了解施工作业中机械设备、计量仪器和测量设备的性能、精度等工作状况，使其处于良好的状态之中。对于现场使用的塔吊及有特殊安全的设备，进入现场后在使用前，必须经当地劳动安全部门鉴定，符合要求并办好相关手续后方允许施工单位投入使用。

表 3-1　进场施工设备(仪器)报审表

工程名称						编码	
设备/施工合同编号						编号	

_____(监理单位)

下列施工设备已按合同规定及批准施工组织设计要求进场,请查验,准予使用。

设备名称	规格	数量	生产单位	进场日期	技术状况	验收/鉴定日期	验收/鉴定日期

附件:

设备(仪器)出场和各种事;

机械设备验收合格记录;

测验=仪器计量鉴定证书。

项目经理:_____　日期:_____施工单位(盖章)

监理单位审查意见:

专业监理工程师____日期_____

监理单位(盖章)____

(10)试验室的控制

对施工过程中的材料进场复验和施工质量试验,施工单位既可委托具有相应资质的专门试验室承担,也可由施工单位自有的试验室承担。施工单位委托试验前,应将试验室(或外委试验室)的相关证明材料报送项目监理机构,并明确委托试验的范围。

监理工程师应审查试验室的资质等级与委托试验范围是否相符,试验室具有法定计量部门对试验设备出具的计量鉴定证明是否在有效期内。经监理方确认相符后,施工单位方可委托试验。

(11)施工环境的控制

环境因素主要包括地质水文状况、气象条件和其他不可抗力因素,以及施工现场的通风、照明、安全卫生防护设施等劳动作业环境等内容。如对地质水文等方面的影响因素的控制,应根据设计要求,分析基地地质资料,预测不利因素,采取相应的措施,如降水、排水、加固等技术控制方案。

2. 建筑工程施工过程的质量控制

（1）施工单位自检、互检、专检

施工单位作为施工阶段的质量自控主体，是施工质量的直接实施者和责任者。施工单位的质量自检体系由作业者自检、各工序交接时的互检及专职质检员的专检组成。监理工程师的质量检查与验收，是对施工单位作业活动质量的复核与确认，必须是在施工单位自检并确认合格的基础上进行的。否则，监理工程师有权拒绝进行检查。

（2）技术复核

项目监理机构应对施工单位在施工过程中报送的施工测量放线成果进行复验和确认。施工单位测量放线完毕自检合格后，应填写施工测量放线报验申请表，报送项目监理机构。监理工程师应实地查验放线精度是否符合规范及标准要求，施工轴线控制桩的位置、轴线和高程的控制标志是否牢靠、明显等，经审核、查验合格，签认施工测量报验申请表。

技术复核工作作为监理工程师一项经常性的工作任务，贯穿于整个施工阶段监理活动中间。其他如工程的定位、高程、轴线、预留孔洞的位置和尺寸、预埋构件位置、管线的坡度、砂浆配合比、混凝土配合比等，施工单位在自行技术复核后，应将复核结果报送项目监理机构，经监理工程师复核确认后，才能进行后续的施工。

（3）现场跟踪监控

在施工过程中，监理工程师应经常地有目的地对现场采用巡视、旁站监督与检查、平行检验、见证取样等工作方法和手段来进行跟踪监控。

①旁站监督与检查。按建设部关于印发《房屋建筑工程施工旁站监理管理办法（试行）》于2002年7月17日（建审〔2002〕189号）的通知精神：监理人员在工程施工过程中，对关键部位、关键工序的施工质量实施过程现场旁站监理。

②旁站监理内容。旁站监理是质量控制工程施工质量的重要手段之一，也是确认工程质量的重要依据。旁站监理的主要内容有以下几个方面。

a. 监督施工单位是否按照技术标准、规范、规程和批准的设计文件、施工组织设计施工。

b. 检查是否使用合格的材料、构配件，机械设备运行是否正常。

c. 施工单位有关现场管理人员、质检人员是否在岗。

d. 检查施工操作人员的技术水平、操作条件是否满足施工工艺要求，特殊操作人员是否持证上岗。

e. 检查施工环境是否对工程质量产生不利影响。

f. 检查施工过程是否存在质量和安全隐患。对施工过程中出现的较大质量问题或质量隐患，旁站监理人员做好监理《旁站记录》（A.0.6）和监理日记，并及时汇报。

对于需要旁站监理的关键部位、关键工序施工，凡没有实施旁站监理或者没有旁站监理记录的，监理工程师或者总监理工程师不得在相应文件上签字。

③见证取样。见证取样是指项目监理机构对施工单位进行的涉及结构安全的试块、试件

及工程材料现场取样、封样、送检工作的监督活动。

项目监理机构应根据工程的特点和具体情况，制定工程见证取样送检工作制度，将材料进场报验、见证取样送检的范围、工作程序、见证人员和取样人员的职责、取样方法等内容纳入监理实施细则。

施工企业取样人员在现场进行原材料取样和试块制作时，见证人员在旁见证；见证人员应对试样进行监护，并和施工企业取样人员一起将试样送至检测单位或采取有效的封样措施送检。

总监理工程师应检查监理人员见证取样工作的实施情况，包括现场检查和资料检查，同时积极听取监理人员的汇报，发现问题应立即要求施工单位采取相应措施。

如，某综合体项目工程旁站监督过程内容。

A. 项目监理机构在编制项目工程监理规划时，应制定旁站方案，明确旁站的范围、内容、程序和旁站人员职责等。旁站方案是监理人员在充分了解工程特点及监控重点的基础上，确定必须加以重点控制的关键工序、特殊工序，并以此制定旁站作业指导方案。现场监理人员必须按此执行，并根据方案的要求有针对性地进行检查，将可能发生的工程质量问题和隐患加以消除。旁站应在总监理工程师的指导下，由现场监理人员负责具体实施。在旁站实施前，项目监理机构应根据旁站方案和相关的施工验收规范，对旁站人员进行技术交底。

B. 旁站工作程序。

a. 开工前，项目监理机构应根据工程特点和施工单位报送的施工组织设计，确定旁站的关键部位、关键工序，并书面通知施工单位。

b. 施工单位在相应项目工程需要实施旁站的关键部位、关键工序进行施工前书面通知项目监理机构。

c. 接到施工单位书面通知后，项目监理机构应安排旁站人员实施旁站。

C. 本项目工程需要实施旁站监理的部位包括以下内容。

a. 基坑支护及降水、排水监控及地基处理过程。

b. 地基检测，地下室结构及上部主体结构柱、墙、梁、板节点钢筋隐蔽过程，混凝土浇筑过程。

c. 地下室结构底板、壁板防水施工过程。

d. 基础及地下室墙外回填土施工过程。

e. 后浇带的混凝土浇筑过程。

f. 在屋面工程中，对于天沟、檐沟、水落口、泛水、变形缝和伸出屋面管道等部位防水细部构造处理。

g. 在建筑与安装工程、建筑节能工程的施工过程中，对隐蔽工程的隐蔽过程，以及下道工序施工完成后难以检查的重点部位，全部实行旁站监理。

h. 对安装工程中，各专业系统的各类现场试验和调试，全部实行旁站监理。

D. 本项目工程旁站人员的主要工作职责(包括但不限于以下内容)。

a. 检查施工单位现场质量管理人员到岗、特殊工种人员持证上岗，以及施工机械、建筑材料准备情况。

b. 在现场跟班监督关键部位、关键工序的施工单位执行施工方案，以及工程建设强制性标准情况。

c. 核查进场建筑材料、建筑构配件、设备和商品混凝土的质量检验报告等，并可在现场监督施工单位进行检验或者委托具有资格的第三方进行复验。

d. 做好旁站记录和监理日记，保存旁站原始资料。

E. 监理人员实施旁站时，发现施工单位有违反工程建设强制性标准行为的，有权责令施工单位立即整改；发现其施工活动已经或者可能危及工程质量的，应当及时向监理工程师或者总监理工程师报告，由总监理工程师下达局部暂停施工指令或者采取其他应急措施。旁站记录是监理工程师或者总监理工程师依法行使有关签字权的重要依据。旁站人员应当认真履行职责，对需要实施旁站的关键部位、关键工序在施工现场跟班监督，及时发现和处理旁站过程中出现的质量问题，如实准确地做好旁站记录。凡旁站监理人员未在旁站记录上签字的，不得进行下一道工序施工。

F. 对于需要旁站的关键部位、关键工序施工，凡没有实施旁站或者没有旁站记录的，专业监理工程师或者总监理工程师不得在相应文件上签字。在工程竣工验收后，工程监理单位应当将旁站记录存档备查。

（4）工地例会

工地例会由总监理工程师定期主持召开（一般为一周，具体在第一次工地会议上决定）。通过工地例会，监理工程师检查分析施工过程的质量状况，指出存在的问题，施工单位提出整改的措施，并作出相应的保证。会议纪要应由项目监理机构负责起草并经与会各方代表会签。工地例会应包括以下主要内容。

①检查上次例会议定事项的落实情况。

②检查进度情况。

③检查质量情况。

④计量与支付情况。

⑤协调事宜。

⑥检查施工安全情况。

⑦其他事项。

除了例行的工地例会外，针对某些专门质量问题，监理工程师还应组织专题会议，集中解决较重大或普遍存在的问题。

（5）监理通知单的签发

项目监理机构在施工现场跟踪监控过程中，如出现未经监理人员验收或验收不合格的工程材料、构配件、设备进入施工现场或施工过程中出现质量缺陷时或其他需要签发监理通知单的事件时，应及时签发《监理通知单》（表 A.0.3）要求施工单位整改。监理通知单按规范要求可以由专业监理工程师或总监理工程师签发。监理通知单应同时抄送建设单位。

例如，某综合体项目《监理通知单》的内容：框架结构，主楼一层框架柱钢筋安装验收过程，发现框架柱⑥轴交Ⓐ~Ⓑ五号框架柱(KZ5)钢筋保护层厚度局部实测值为18mm，设计值为25mm，已超出允许偏差±5mm，违反《混凝土结构工程施工质量验收规范》5.5.2条款规定，"要求施工单位收到本通知48小时内按设计要求进行整改，自检合格后再报送监理部验收，整改未合格前不得进入下道工序施工"。

(6)暂停令及复工令的签发

①暂停令的签发。根据《建设工程监理规范》GB/T 50319—2013中的规定项目监理机构在施工现场发现施工单位有下列情形之一的，总监理工程师应针对发现的问题及时签发局部工程暂停令或工程暂停令，要求施工单位停工整改。

a. 施工单位未经批准擅自进行工程施工的。

b. 施工单位未按审查通过的工程设计文件或施工图纸施工的。

c. 施工单位未按批准的施工组织设计(施工方案)施工或违反工程建设强制性标准的。

d. 施工存在质量问题拒不整改的、发现存在重大质量隐患或发生质量事故的。

总监理工程师在签发工程暂停令之前，应事先征得建设单位的同意。

②复工令的签发。施工现场发生暂停事件后，项目监理机构应及时、如实地记录发生的现场情况，当暂停事件处理完成或原因消失，施工单位已具备复工条件时，施工单位应及时提交《工程复工报审表》(B.0.3)，项目监理机构应及时审查施工单位报送的工程复工报审表及相关材料，并对施工现场实际情况进行核验。符合相关要求后，总监理工程师应根据实际检查、验收情况并经过建设单位同意后，签发《工程复工令》(A.0.7)指令施工单位恢复施工。

(7)工程变更的控制

做好工程变更的控制工作，是施工过程质量控制的一项重要内容。当施工现场发生工程变更时，无论工程变更是由设计单位或建设单位或施工单位提出的，均应经过建设单位、设计单位、施工单位和工程监理单位的签认，由总监理工程师下达《工程变更单》(C.0.2)后，施工单位方可进行工程施工。

施工单位提出的工程变更申请，项目监理机构应提出审查意见。总监理工程师应根据实际情况、工程变更文件和其他有关资料，结合专业监理工程师对变更内容的分析，就工程变更费用及工期影响作出评估。

项目监理机构及时督促施工单位按照会签后的工程变更单制定施工方案，安排人员组织施工。项目监理机构根据批准的工程变更文件及施工单位上报的施工方案监督施工单位实施工程变更。

3.4　建筑工程施工质量验收

工程质量验收是建筑工程质量控制的一个重要环节，包括施工过程的中间验收和工程的竣工验收两个方面。工程质量验收应划分为检验批、分项工程、分部工程、单位工程等验收环节。检验批是工程施工质量验收的最小单位。

3.4.1　检验批及分项工程的验收

检验批的质量应按主控项目和一般项目验收合格。其中，主控项目必须全部符合相关专业验收规范的规定；一般项目含允许偏差项目，允许20%超出允许偏差值，但不得超过允许偏差值的1.5倍。分项工程所含的检验批均应验收合格，检验批的质量验收记录完整。检验批及分项工程应由监理工程师组织施工单位项目专业质量（或技术）负责人等进行验收。

3.4.2　分部工程的验收

分部工程所含的分项工程的质量均应验收合格；质量控制资料完整；地基基础、主体结构和设备安装等分部工程有关结构安全和使用功能的抽样检测和检验结果应符合有关规定；观感质量验收应符合要求。

分部工程应由总监理工程师组织施工单位项目负责人和项目技术、质量负责人等进行验收。对于地基基础、主体结构等分部工程，勘察、设计单位的工程项目负责人和施工单位的技术、质量部门负责人也应参加。

3.4.3　单位工程或整个工程项目的竣工验收

单位工程所含的分部工程质量应验收合格；质量控制资料完整；单位工程所含分部工程有关安全和功能的检测资料应完整；主要功能项目的抽查结果应符合相关专业质量验收规范的规定；观感质量验收应符合要求。

工程完工后或整个工程项目完成后，施工单位应先进行竣工自检，自验合格后，向项目监理机构提交工程竣工报验单，总监理工程师组织各专业监理工程师进行竣工初验。初验合格后由总监理工程师对施工单位的工程竣工报验单予以签认，并上报建设单位。同时提出"工程质量评估报告"，参加由建设单位组织的正式竣工验收。

单位工程质量验收合格后，建设单位应在规定时间内将工程竣工验收报告和有关文件报建设行政主管部门备案。

【知识链接】

检验批(inspection lot)：按同一生产条件或按规定的方式汇总起来供检验用的，由一定数量样本组成的检验体。

分项工程(kinds of construction)：分部工程的组成部分，是施工图预算中最基本的计算单位。它是按照不同的施工方法、不同材料的不同规格等将分部工程进一步划分的。

分部工程(parts of construction)：单位工程的组成部分，分部工程一般是按单位工程的结构形式、工程部位、构件性质、使用材料、设备种类等的不同而划分的工程项目。

单位工程(unit construction)：具有独立的设计文件，具备独立施工条件并能形成独立使用功能，但竣工后不能独立发挥生产能力或工程效益的工程，是构成单项工程的组成部分。

单项工程(single construction)：建设项目的组成部分，具有独立的设计文件，竣工后能单独发挥设计所规定的生产能力或效益。

3.5 工程质量问题和质量事故处理

3.5.1 工程质量问题及处理

根据国际标准化组织(ISO)和我国有关质量、质量管理和质量保证标准的定义，凡工程产品质量没有满足某个规定的要求，就称之为质量不合格。

凡是工程质量不合格，必须进行返修、加固或报废处理，由此造成直接经济损失低于5 000元的称为质量问题；直接经济损失在5 000元(含5 000元)以上的称为工程质量事故。

工程质量问题是由工程质量不合格或工程质量缺陷引起，监理工程师必须掌握如何防止和处理施工中出现的不合格项和各种质量问题。对已发生的质量问题，应掌握其处理程序。

当发现工程质量问题，监理工程师应按以下程序进行处理，如图3-6所示。

①当发生工程质量问题时，监理工程师首先应判断其严重程度。对可以通过返修或返工弥补的质量问题可签发《监理通知》，责成施工单位写出质量问题调查报告，提出处理方案，填写《监理通知回复单》报监理工程师审核后，批复承包单位处理，必要时应经建设单位和设计单位认可，处理结果应重新进行验收。

②对需要加固补强的质量问题，或质量问题的存在影响下道工序和分项工程的质量时，

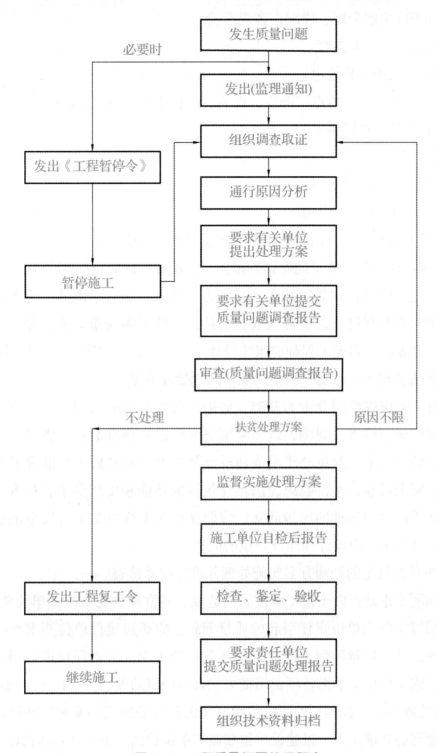

图 3-6 工程质量问题处理程序

应签发《工程暂停令》，指令施工单位停止有质量问题部位和与其有关联部位及下道工序的施工。必要时，应要求施工单位采取防护措施，责成施工单位写出质量问题调查报告，由设计单位提出处理方案，并征得建设单位同意，批复承包单位处理。处理结果应重新进行验收。

③施工单位接到《监理通知》后，在监理工程师的组织参与下，尽快进行质量问题调查并完成报告编写。调查的主要目的是明确质量问题的范围、程度、性质、影响和原因，为问题

处理提供依据，调查应力求全面、详细、客观准确。

调查报告应包括如下主要内容。

A. 与质量问题相关的工程情况。

B. 质量问题发生的时间、地点、部位、性质、现状及发展变化等详细情况。

C. 调查中的有关数据和资料。

D. 原因分析与判断。

E. 是否需要采取临时防护措施。

F. 质量问题处理补救的建议方案。

G. 涉及的有关人员和责任及预防该质量问题重复出现的措施。

H. 监理工程师审核、分析质量问题调查报告，判断和确认质量问题产生的原因。

原因分析是确定处理措施方案的基础，正确的处理来源于对原因的正确判断。只有对调查提供的充分的资料和数据进行详细深入的分析后，才能由表及里、去伪存真，找出质量问题的真正起源点。必要时，监理工程师应组织设计、施工、供货和建设单位共同参加分析。

I. 在原因分析的基础上，认真审核签认质量问题处理方案。

质量问题处理方案应以原因分析为基础，如果某些问题一时认识不清，且一时不致产生严重恶化，可以继续进行调查、观测，以便掌握更充分的资料和数据，做进一步分析，找出起源点，方可确认处理方案，避免急于求成造成反复处理的不良后果。监理工程师审核确认处理方案应牢记：安全可靠，不留隐患，满足建筑物的功能和使用要求，技术可行，经济合理原则。针对确认不需专门处理的质量问题，应能保证它不构成对工程安全的危害，且满足安全和使用要求，并必须征得设计和建设单位的同意。

J. 指令施工单位按既定的处理方案实施处理并进行跟踪检查。

发生的质量问题不论是否由于施工单位原因造成，通常都是先由施工单位负责实施处理。对因设计单位原因等非施工单位责任引起的质量问题，应通过建设单位要求设计单位或责任单位提出处理方案，处理质量问题所需的费用或延误的工期，由责任单位承担，若质量问题属施工单位责任，施工单位应承担各项费用损失和合同约定的处罚，工期不予顺延。

K. 质量问题处理完毕，监理工程师应组织有关人员对处理的结果进行严格的检查、鉴定和验收，写出质量问题处理报告，报建设单位和监理单位存档。主要内容包括以下几方面。

a. 基本处理过程描述。

b. 调查与核查情况，包括调查的有关数据和资料。

c. 原因分析结果。

d. 处理的依据。

e. 审核认可的质量问题处理方案。

f. 实施处理中的有关原始数据、验收记录和资料。

g. 对处理结果的检查、鉴定和验收结论。

h. 质量问题处理结论。

3.5.2　工程质量事故及处理

据中华人民共和国住房和城乡建设部《关于做好房屋建筑和市政基础设施工程质量事故报告调查和处理工作的通知》（建质〔2010〕111 号）要求，是指由于建设、勘察、设计、施工、监理等单位违反工程质量有关法律法规和工程建设标准，使工程产生结构安全、重要使用功能等方面的质量缺陷，造成人身伤亡或者重大经济损失的事故。工程质量事故是较为严重的工程质量问题。工程质量事故具有复杂性、严重性、可变性和多发性的特点。工程质量事故分为4 个等级。

①特别重大事故，是指造成 30 人以上死亡，或者 100 人以上重伤，或者 1 亿元以上直接经济损失的事故。

②重大事故，是指造成 10 人以上 30 人以下死亡，或者 50 人以上 100 人以下重伤，或者5 000 万元以上 1 亿元以下直接经济损失的事故。

③较大事故，是指造成 3 人以上 10 人以下死亡，或者 10 人以上 50 人以下重伤，或者1 000 万元以上5 000 万元以下直接经济损失的事故。

④一般事故，是指造成 3 人以下死亡，或者 10 人以下重伤，或者 100 万元以上1 000 万元以下直接经济损失的事故。

（本等级划分所称的"以上"包括本数，所称的"以下"不包括本数）

3.5.3　工程质量事故处理的依据和程序

1. 工程质量事故处理的依据

工程质量事故处理的主要依据有四个方面：质量事故的实况资料；具有法律效力的，得到有关当事务方认可的工程承包合同、设计委托合同、材料或设备购销合同，以及监理合同或分包合同等合同文件；有关的技术文件和档案；相关的建设法规。

2. 工程质量事故处理的程序

工程质量事故发生后，事故现场有关人员应当立即向工程建设单位负责人报告；工程建设单位负责人接到报告后，应于 1 小时内向事故发生地县级以上人民政府住房和城乡建设主管部门及有关部门报告。

情况紧急时，事故现场有关人员可直接向事故发生地县级以上人民政府住房和城乡建设主管部门报告。

住房和城乡建设主管部门逐级上报事故情况时，每级上报时间不得超过 2 小时。

工程质量事故发生后，监理工程师可按下列程序进行处理，如图 3-7 所示。

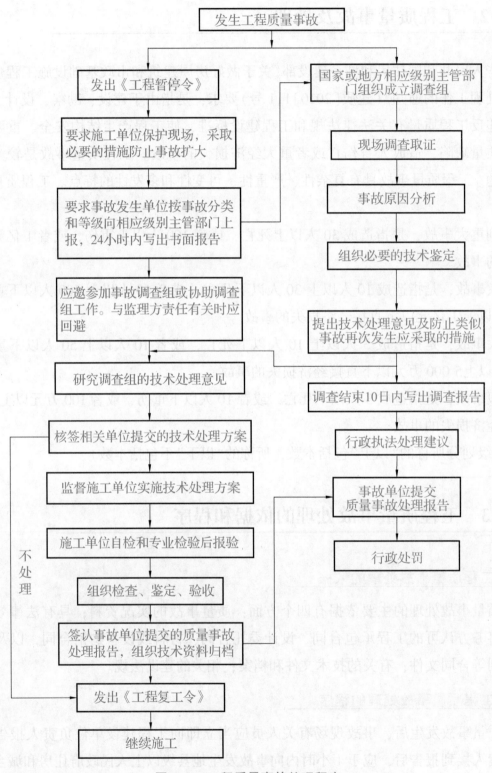

图 3-7 工程质量事故处理程序

①工程事故发生后，总监理工程师应签发《工程暂停令》，并要求停止进行质量缺陷部位和与其关联部位及下道工序施工，并要求施工单位采取必要的措施，防止事态扩大，并保护现场。

②监理工程师在事故调查组展开工作后，应积极协助，客观地提供相应证据，若监理方无责任，监理工程师可应邀参加调查组，参与事故调查；若监理方有责任，则应予以回避，配合调查组工作。

③当监理工程师接到质量事故调查组提出的技术处理意见后，可组织相关单位研究，并责成相关单位完成技术处理方案。一般处理方案的制订，应征求建设单位意见。技术处理方案必须依据充分，质量事故的部位、原因全部查清，必要时组织专家论证，以确保技术处理方案可靠、可行，保证结构安全和使用功能。

④技术处理方案核签后，监理工程师应要求施工单位制定详细的施工方案设计，必要时应编制监理实施细则，对工程质量事故技术处理的施工质量进行监理。技术处理过程中的关键部位和关键工序应进行旁站。

⑤施工单位完工自检后报验，监理机构组织有关各方进行检查验收，必要时应委托法定工程质量检测单位对处理结果进行质量鉴定。要求事故单位整理编写质量事故处理报告，并审核签认，相关技术资料归档。

工程质量事故处理报告主要内容如下。

a. 工程质量事故情况、调查情况、原因分析（选自质量事故调查报告）。

b. 质量事故处理的依据。

c. 质量事故技术处理方案。

d. 实施技术处理施工中有关问题和资料。

e. 对处理结果的检查鉴定和验收。

f. 质量事故处理结论。

⑥签发工程复工令，恢复正常施工。

🛠 基础考核

一、单项选择题（每题的备选项中，只有1个最符合题意）

1. 理解质量定义时，下列说法正确的是（　　）。

A. 对产品的特性要求均来自顾客　　　　B. 质量是针对产品而言的

C. 特性专指可区分的产品固有特征　　　D. 产品的特性可以是固有的或赋予的

2. 建筑工程质量特性中，"满足使用目的的各种性能"称为工程的（　　）。

A. 适用性　　　　　B. 可靠性　　　　　C. 耐久性　　　　　D. 目的性

3. 工程建设活动中，形成工程实体质量的决定性环节是(　　　)阶段。

A. 工程设计　　　　B. 工程施工　　　　C. 工程决策　　　　D. 工程竣工验收

4. 造成直接经济损失在 5 万元以上，不满 10 万元的工程质量事故属于(　　　)。

A. 一般质量事故　　B. 严重质量事故　　C. 重大质量事故　　D. 特别重大事故

5. 质量验收的基本单元是(　　　)。

A. 单位工程　　　　B. 分项工程　　　　C. 分部工程　　　　D. 检验批

二、多项选择题(每题的备选项中，有 2 个或 2 个以上符合题意，至少有 1 个错项)

1. GB/T 19000—2000 族标准中对质量的定义是："一组固有特性满足要求的程度"。其中满足要求应包括(　　　)的需要和期望。

A. 图纸中明确规定　B. 组织惯例　　　　C. 质量管理方面　　D. 行业规则

E. 其他相关方利益

2. 建筑工程除具有一般产品的质量特性外，还具有其特殊的质量特性，具体表现在(　　　)几个方面。

A. 适用性　　　　　B. 安全性　　　　　C. 可靠性　　　　　D. 复杂性

E. 与环境的协调性

3. 工程质量事故的特点有(　　　)。

A. 复杂性　　　　　B. 严重性　　　　　C. 可变性　　　　　D. 多发性

E. 持久性

4. 工程质量事故处理的依据(　　　)

A. 现场人员的情况反馈　　　　　　　　B. 质量事故的实况资料

C. 有关合同及合同文件　　　　　　　　D. 有关的技术文件和档案

E. 相关的建设法规

5. 施工控制质量的依据有(　　　)

A. 工程合同文件　　　　　　　　　　　B. 设计文件

C. 有关质量管理方面的法律、法规性文件　D. 行业规定

E. 地方政府制定的规范

技能实训

某工程，建设单位通过公开招标与甲施工单位签订施工总承包合同，依据合同，甲施工单位通过招标将钢结构工程分包给乙施工单位，施工过程中发生了下列事件。

事件 1：甲施工单位项目经理安排技术员兼施工现场安全员，并安排其负责编制深基坑支护与降水工程专项施工方案，项目经理对该施工方案进行安全验算后，即组织现场施工，并

将施工方案及验算结果报送项目监理机构。

事件2：乙施工单位采购的特殊规格钢板，因供应商未能提供出厂合格证明，乙施工单位按规定要求进行了检验，检验合格后向项目监理机构报验。为不影响工程进度，总监理工程师要求甲施工单位在监理人员的见证下取样复检，复检结果合格后，同意该批钢板进场使用。

事件3：为满足钢结构吊装施工的需要，甲施工单位向设备租赁公司租用了一台大型起重塔吊，委托一家有相应资质的安装单位进行塔吊安装，安装完成后，由甲、乙施工单位对该塔吊共同进行验收，验收合格后投入使用，并到有关部门办理登记。

事件4：钢结构工程施工中，专业监理工程师在现场发现乙施工单位使用的高强螺栓未经报验，存在严重的质量隐患，即向乙施工单位签发了《工程暂停令》并报告了总监理工程师。甲施工单位得知后也要求乙施工单位立刻停止整改。乙施工单位为赶工期，边施工边报验，项目监理机构及时报告了有关主管部门。报告发出的当天，发生了因高强螺栓不符合质量标准导致的钢梁高空坠落事故，造成一人重伤，直接经济损失4.6万元。

【问题】

1. 指出事件1中甲施工单位项目经理做法的不妥之处，写出正确做法。

2. 事件2中，总监理工程师的处理是否妥当？说明理由。

3. 指出事件3中塔吊验收中的不妥之处。

4. 指出事件4中专业监理工程师做法的不妥之处，说明理由。

5. 事件4中的质量事故，甲施工单位和乙施工单位各承担什么责任？说明理由。监理单位是否有责任？说明理由。该事故属于哪一类工程质量事故？处理此事故的依据是什么？

🔧 链接执考

一、【2019年监理工程师考试，单项选择题】

1. 根据《建设工程监理规范》，第一次工地会议纪要由（　　）负责整理。

A. 建设单位　　　　B. 设计单位　　　　C. 施工项目部　　　　D. 项目监理机构

参考答案：D

2. 工程施工过程中发生质量事故造成8人死亡，50人重伤，6 000万元直接经济损失，该事故等级属于（　　）。

A. 一般事故　　　　B. 较大事故　　　　C. 重大事故　　　　D. 特别重大事故

参考答案：C

二、【2019年监理工程师考试，多项选择题】

1. 根据《建设工程监理规范》总监理工程师签认《工程开工报审表》应满足的条件

有( )。

　　A. 设计交底和图纸会审已完成

　　B. 施工组织设计已经编制完成

　　C. 管理及施工人员已到位

　　D. 进场道路及水、电、通信等已满足开工要求

　　E. 施工许可证已经办理

参考答案：ACD

　　2. 分包工程开工前，项目监理机构应审核施工单位报送的《分包单位资格报审表》及有关资料，对分包单位资格审核的基本内容包括( )。

　　A. 分包单位资质及其业绩

　　B. 分包单位专职管理人员和特种作业人员资格证书

　　C. 安全生产许可文件

　　D. 施工单位对分包单位的管理制度

　　E. 分包单位施工规划

参考答案：ABC

建筑工程造价控制

学习目标

【知识目标】

1. 了解建筑工程造价的特点。
2. 掌握建筑安装工程费用的组成。
3. 熟悉工程量清单的构成。
4. 掌握建筑工程施工阶段的造价控制要点。

【技能目标】

能独立完成现场签证，正确复核工程进度款中的工程量和单价。

思维导图

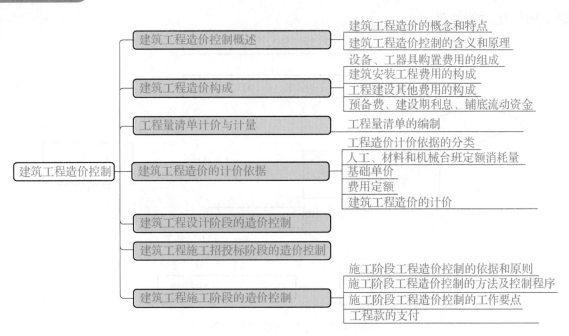

4.1 建筑工程造价控制概述

建筑工程项目造价控制，就是在建筑工程项目的投资决策阶段、设计阶段、施工阶段及竣工阶段，把建筑工程造价控制在批准的投资限额内，随时纠正发生的偏差，以保证项目造价管理目标的实现。

4.1.1 建筑工程造价的概念和特点

建筑工程总造价，一般是指进行某项工程建设花费的全部费用。生产性建筑工程总造价包括建筑投资和铺底流动资金两部分；非生产性建筑工程总造价则只包括建筑投资。建筑工程造价的特点是由建筑工程的特点决定的。

①建筑工程投资数额巨大。

②建筑工程造价差异明显。

③建筑工程造价需单独计算。

④建筑工程造价确定依据复杂。

⑤建筑工程造价确定层次繁多。

⑥建筑工程造价需动态跟踪调整。

4.1.2 建筑工程造价控制的含义和原理

造价控制是项目控制的主要内容之一。造价控制原理如图 4-1 所示，这种控制是动态的，并贯穿于项目建设的始终。

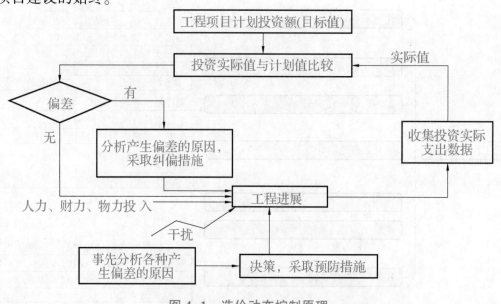

图 4-1 造价动态控制原理

4.2 建筑工程造价的构成

我国现行建筑工程总投资构成；由建设投资（工程造价）和流动资产投资（仅在生产性建设项目包括）两部分组成。其中建设投资是由设备及工、器具购置费用，建筑安装工程费用，工程建设其他费用，预备费，建设期贷款利息。具体构成内容如图4-2所示。

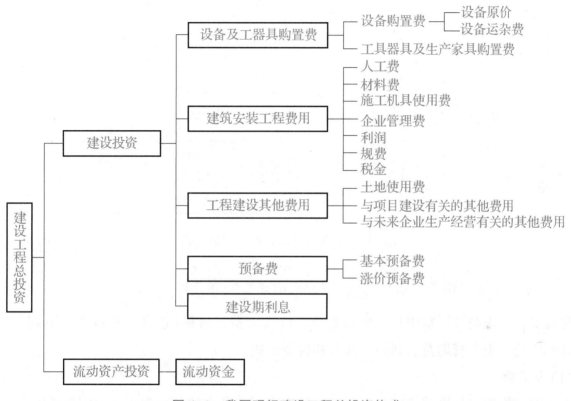

图4-2 我国现行建设工程总投资构成

4.2.1 设备、工器具购置费用的组成

设备、工器具购置费用是由设备购置费用和工器具及生产家具购置费用组成。

设备购置费是指为建筑工程购置或自制的达到固定资产标准的设备、工器具的费用。所谓固定资产标准，是指使用年限在一年以上，单位价值在国家或各主管部门规定的限额以上。

工器具及生产家具购置费是指新建项目或扩建项目初步设计规定所必须购置的不够固定资产标准的设备、仪器、工卡模具、器具、生产家具和备品备件的费用。

4.2.2 建筑安装工程费用的构成

建筑安装工程费用是指为完成工程项目建造、生产性设备及配套工程安装所需的费用。

我国现行建筑安装工程费用项目组成，根据住房城乡建设部、财政部颁布的《建筑安装工程费用项目组成》（建标〔2013〕44号），建筑安装工程费按两种不同的方式划分：一是按费用构成要素划分；二是按造价形成划分。其构成如图4-3所示。

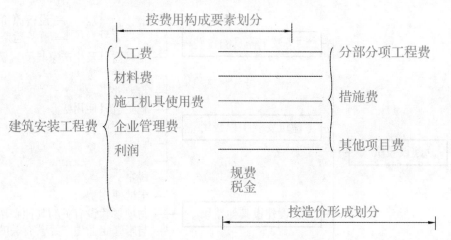

图4-3 建筑安装工程费用项目组成

1. 建筑安装工程费用项目组成（按费用构成要素划分）

建筑安装工程费按照费用构成要素划分，由人工费、材料（包含工程设备，下同）费、施工机具使用费、企业管理费、利润、规费和税金组成。

（1）人工费

人工费是指直接从事建筑安装工程施工的生产工人开支的各项费用，内容包括以下几点。

①基本工资。

②工资性补贴。

③生产工人辅助工资。

④职工福利费。

⑤生产工人劳动保护费。

（2）材料费

材料费是指施工过程中耗费的构成工程实体的原材料、辅助材料、构配件、零件、半成品的费用、工程设备的费用。内容包括以下几点。

①材料原价（或供应价格）。

②材料运杂费。

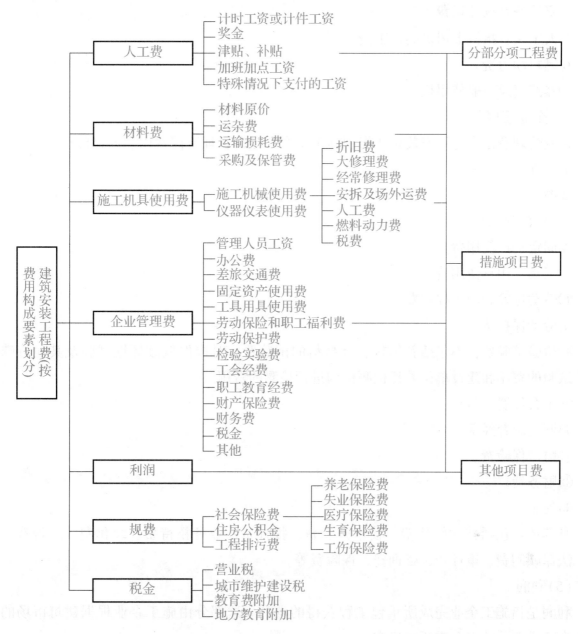

图 4-4 建筑安装工程费用项目组成(按费用构成要素划分)

③运输损耗费。

④采购及保管费。

⑤工程设备。

(3)施工机械使用费

施工机械使用费是指施工机械作业所发生的机械使用费以及机械安拆费和场外运费。

施工机械台班单价应由下列七项费用组成。

①折旧费。

②大修理费。

③经常修理费。

④安拆费及场外运费。

⑤人工费：指机上司机的人工费。

⑥燃料动力费

⑦养路费及车船使用税

（4）企业管理费

企业管理费是指建筑安装企业组织施工生产和经营管理所需费用。内容包括：

①管理人员工资。

②办公费。

③差旅交通费。

④固定资产使用费。

⑤工具、用具使用费。

⑥劳动保险和职工福利费。

⑦劳动保护费。

⑧检验试验费：不包括新结构、新材料的试验费，对构件做破坏性试验及其他特殊要求检验试验的费用和建设单位委托检测机构进行检测的费用。

⑨工会经费。

⑩职工教育经费。

⑪财产保险费。

⑫财务费。

⑬税金。

⑭其他：包括技术转让费、技术开发费、投标费、业务招待费、绿化费、广告费、公证费、法律顾问费、审计费、咨询费、保险费等。

（5）利润

利润是指施工企业完成所承包工程获得的盈利。这部分由施工企业根据建筑市场的变化结合自己企业的特点和需要来确定。

（6）规费

规费是指政府和有关权力部门规定必须缴纳的费用(简称规费)。主要包括社会保险费、住房公积金、工程排污费。

①社会保险费：包括养老保险费、失业保险费、医疗保险费、生育保险费、工伤保险费。

②住房公积金。

③工程排污费。

（7）税金

税金是指国家税法规定的应计入建筑安装工程造价内的营业税、城市维护建设税、教育费附加，以及地方教育附加。

税金计算公式：税金＝税前造价×综合税率(％)

实行营业税改增值税的，按纳税地点现行税率计算。

工程造价计算公式：工程造价＝税前工程造价×（1+9%）。

其中，9%为建筑业拟征增值税税率，税前工程造价为人工费、材料费、施工机具使用费、企业管理费、利润和规费之和。

🔍 2. 建筑安装工程费用项目组成（按造价形成划分）

建筑安装工程费按照工程造价形成由分部分项工程费、措施项目费、其他项目费、规费、税金组成，如图4-5所示。

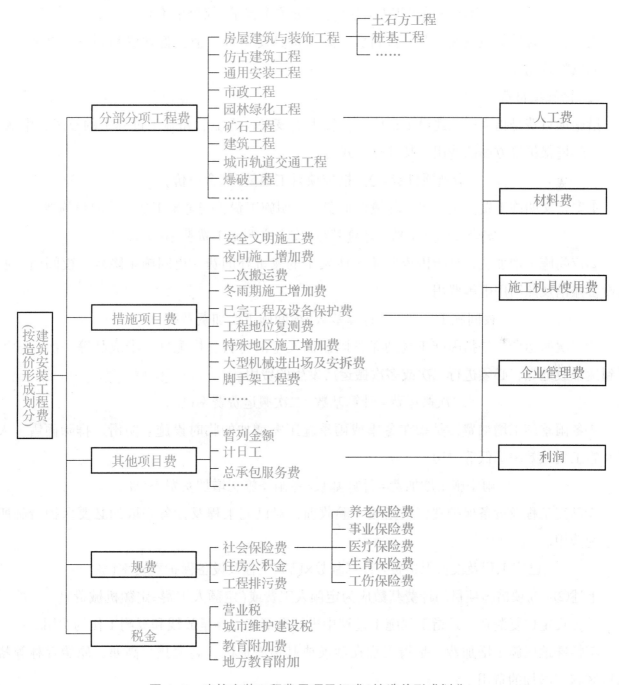

图4-5　建筑安装工程费用项目组成（按造价形成划分）

（1）分部分项工程费

分部分项工程费是指各专业工程的分部分项工程应予列支的各项费用。

①专业工程：是指按现行国家计量规范划分的房屋建筑与装饰工程、仿古建筑工程、通用安装工程、市政工程、园林绿化工程、矿山工程、构筑物工程、城市轨道交通工程、爆破工程等各类工程。

②分部分项工程：指按现行国家计量规范对各专业工程划分的项目。如房屋建筑与装饰工程划分的土石方工程、地基处理与桩基工程、砌筑工程、钢筋及钢筋混凝土工程等。

$$分部分项工程费 = \sum(分部分项工程量 \times 综合单价)$$

式中：综合单价包括人工费、材料费、施工机具使用费、企业管理费和利润，以及一定范围的风险费用。

（2）措施项目费

措施项目费是指为完成建设工程施工，发生于该工程施工前和施工过程中的技术、生活、安全、环境保护等方面的费用。其计算公式为：

$$措施项目费 = \sum(措施项目工程量 \times 综合单价)$$

①安全文明施工费。主要包括环境保护费、文明施工费、安全施工费、临时设施费。

$$安全文明施工费 = 计算基数 \times 安全文明施工费费率(\%)$$

②夜间施工增加费，是指因夜间施工所发生的夜班补助费、夜间施工降效、夜间施工照明设备摊销及照明用电等费用。

$$夜间施工增加费 = 计算基数 \times 夜间施工增加费费率(\%)$$

③二次搬运费，是指因施工场地条件限制而发生的材料、构配件、半成品等一次运输不能到达堆放地点，必须进行二次或多次搬运所发生的费用。

$$二次搬运费 = 计算基数 \times 二次搬运费费率(\%)$$

④冬雨季施工增加费，是指在冬季或雨季施工需增加的临时设施、防滑、排除雨雪，人工及施工机械效率降低等费用。

$$冬雨季施工增加费 = 计算基数 \times 冬雨季施工增加费费率(\%)$$

⑤已完工程及设备保护费，是指竣工验收前，对已完工程及设备采取的必要保护措施所发生的费用。

$$已完工程及设备保护费 = 计算基数 \times 已完工程及设备保护费费率(\%)$$

上述②~⑤项措施项目的计费基数应为定额人工费或（定额人工费+定额机械费）。

⑥工程定位复测费，是指工程施工过程中进行全部施工测量放线和复测工作的费用。

⑦特殊地区施工增加费，是指工程在沙漠或其边缘地区、高海拔、高寒、原始森林等特殊地区施工增加的费用。

⑧大型机械设备进出场及安拆费，是指机械整体或分体自停放场地运至施工现场或由一

个施工地点运至另一个施工地点，所发生的机械进出场运输及转移费用，以及机械在施工现场进行安装、拆卸所需的人工费、材料费、机械费、试运转费和安装所需的辅助设施的费用。

⑨脚手架工程费，是指施工需要的各种脚手架搭、拆、运输费用，以及脚手架购置费的摊销(或租赁)费用。

⑩混凝土、钢筋混凝土模板及支架费，是指混凝土施工过程中需要的各种钢模板、木模板、支架等的支、拆、运输费用及模板、支架的摊销(或租赁)费用。

⑪施工排水、降水费，是指为确保工程在正常条件下施工，采取各种排水降水措施所发生的各种费用。

措施项目及其包含的内容详见各类专业工程的现行国家或行业计量规范。

(3)其他项目费

①暂列金额，是指建设单位在工程量清单中暂定并包括在工程合同价款中的一笔款项。暂列金额由建设单位根据工程特点，按有关计价规定估算，施工过程中由建设单位掌握使用。

②计日工，是指在施工过程中，施工企业完成建设单位提出的施工图纸以外的零星项目或工作所需的费用。计日工由建设单位和施工企业按施工过程中的签证计价。

③总承包服务费，总承包服务费由建设单位在招标控制价中根据总包服务范围和有关计价规定编制，施工企业投标时自主报价，施工过程中按签约合同价执行。

(4)规费

(5)税金

4.2.3 工程建设其他费用的构成

工程建设其他费用是指从工程筹建到工程竣工验收交付使用止的整个建设期间，除建筑安装工程费用和设备、工器具购置费以外的，为保证工程建设顺利完成和交付使用后能够正常发挥效用而发生的一些费用。

工程建设其他费用，按其内容大体可分为三类。

第一类为土地使用费，包括农用土地征用费和取得国有土地使用费。农用土地征用费由土地补偿费、安置补助费、土地投资补偿费、土地管理费、耕地占用税等组成，并按被征用土地的原用途给予补偿。取得国有土地使用费由土地使用权出让金、城市建设配套费、拆迁补偿与临时安置补助费等组成。

第二类是与项目建设有关的费用。包括建设单位管理费、勘察设计费、研究试验费、临时设施费、工程监理费、工程保险费、供电贴费、施工机构迁移费、引进技术和进口设备其他费。

第三类是与未来企业生产和经营活动有关的费用，包括联合试运转费、生产准备费、办公和生活家具购置费。

4.2.4 预备费、建设期利息、铺底流动资金

1. 预备费

预备费分为基本预备费和涨价预备费。

①基本预备费。

基本预备费=(设备及工器具购置费+建筑安装工程费+工程建设其他费)×基本预备费率

②涨价预备费。涨价预备费以建筑安装工程费、设备工器具购置费之和为计算基数。

2. 建设期利息

建设期利息是指项目借款在建设期内发生并计入固定资产的利息。

3. 铺底流动资金

铺底流动资金是指生产性建设工程为保证生产和经营正常进行，按规定应列入建设工程总投资的铺底流动资金。一般按流动资金的30%计算。

【技术提示】

建设投资可以分为静态投资部分和动态投资部分		
建设投资	静态投资	静态投资部分由建筑安装工程费、设备工器具购置费、工程建设其他费和基本预备费组成
	动态投资	动态投资部分，是指在建设期内，因建设期利息、建设工程需缴纳的固定资产投资方向调节税〈已暂停征收〉和国家新批准的税费、汇率、利率变动以及建设期价格变动引起的建设投资增加额。包括涨价预备费、建设期利息和固定资产投资方向调节税(此项税已暂停征收)

4.3 工程量清单计价与计量

工程量清单计价，是建设工程招投标中，招标人按照《建设工程量清单计价规范》统一的工程量计算规则提供工程数量，采用工程量清单方式，招标工程量清单必须作招标文件的组成部分。其准确性和完整性由招标人负责。由投标人依据工程量清单自主报价。工程量清单一般以单位(项)工程作为编制单位。由分部分项工程量清单、措施项目清单、其他项目清单、

规费和税金项目清单组成。

4.3.1 工程量清单的编制

1. 工程量清单概述

工程量清单是拟建工程的分部分项工程项目、措施项目、其他项目、规费项目和税金项目名称和相应数量的明细清单。工程量清单应由具有编制能力的招标人或委托具有相应资质的工程造价咨询人编制。

工程量清单是工程量清单计价的基础。编制工程量清单应依据以下资料。

①国家或省级、行业建设主管部门颁发的计价依据和办法。

②建设工程设计文件。

③与建设工程项目有关的标准、规范、技术资料。

④招标文件及其补充通知、答疑纪要。

⑤施工现场情况、工程特点及常规施工方案。

⑥其他相关资料。

2. 工程量清单的构成

按照现行的《建设工程工程量清单计价规范》（GB 50500—2013），工程量清单包括分部分项工程量清单、措施项目清单、其他项目清单、规费项目清单和税金项目清单五部分。

（1）分部分项工程量清单

分部分项工程量清单是指构成拟建工程实体的全部分项实体的项目名称和相应数量的明细清单。该清单应包括项目编码、项目名称、项目特征、计量单位和工程数量（见表4-1）。

表 4-1 分部分项工程和单价措施项目清单与计价表

工程名称：　　　　　　　　　标段：　　　　　　　　　　　第 页 共 页

序号	项目编码	项目名称	项目特征描述	计量单位	工程量	金额(元)		
						综合单价	合价	其中
								暂估价

①项目编码。项目编码，按《计价规范》规定采用五级编码由 12 位阿拉伯数字组成。其中 1～9 位按《计价规范》规定统一设置不得擅自改动，10～12 位根据拟建工程的工程量清单项目名称由清单编制人自行设置且应从 001 开始。同一招标工程的项目编码不得有重码。

在 12 位数字中，1~2 位为专业工程码，如建筑工程与装饰工程为 01、仿古建筑工程为 02、通用安装工程为 03、市政工程为 04、园林绿化工程为 05、矿山工程为 06、构筑物工程为 07、城市轨道交通工程为 08、爆破工程为 09。

3~4 位为附录分类顺序码；5~6 位为分部工程顺序码；7~9 位为分项工程项目名称顺序码；10~12 位为清单项目名称顺序码。

例如：

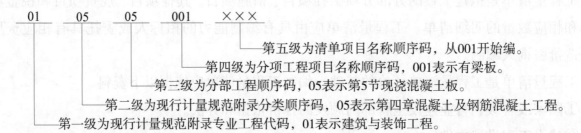

②项目名称。项目名称应按现行计量规范的项目名称结合拟建工程的实际确定。实际工作中一般以工程实体命名。项目实施过程中编制工程量清单时，出现附录中未包括的项目，编制人应作补充，并报省级或行业工程造价管理机构备案，省级或行业工程造价管理机构应汇总报住房和城乡建设部标准定额研究所。

补充项目的编码由本规范的代码 01 与 B 和三位阿拉伯数字组成，并应从 01B001 起顺序编制，同一招标工程的项目不得重码。分部分项工程项目清单中应附补充项目名称、项目特征、计量单位、工程量计算规则和工作内容。

③项目特征。构成分部分项工程量清单项目、措施项目自身价值的本质特征。项目特征应按附录中规定的项目特征结合拟建工程项目的实际予以描述。

④计量单位。计量单位应按附录中规定的计量单位确定。如果其专业有特殊的计量单位时，要在备注中说明。当计量单位有两个或多个时，要根据所编工程量清单项目特点，选择较适宜说明该项目特点且方便计量的单位。

工程计量时每一项目汇总的有效位数应遵守下列规定：以"t"为单位，应保留小数点后三位数字，第四位小数四舍五入；例如，钢筋工程计量单位为"t"。

以"m、m^2、m^3、kg"为单位，应保留小数点后两位数字，第三位小数四舍五入；例如，挖基础土方计量单位为"m^3"。墙面一般抹灰计量单位为"m^2"。

以"个、件、根、组、系统"为单位，应取整数。例如，门窗工程的计量单位为"樘"。

⑤工程数量。工程数量主要通过清单项目工程量的计算来规定，计算得到。清单计价的项目主要是以实体工程量且全部完成后的净值计算。投标人报价时，应在综合单价中考虑施工中的各种损耗和增加的工程量及部分风险问题等。

（2）措施项目清单

措施项目是指为完成工程项目施工发生在该工程施工准备和施工过程中的技术、生活、安全、环境保护等方面的非工程实体项目。措施项目清单为可调清单，投标人对招标文件中所列项目，可根据企业自身特点做适当的增减。

投标人要对拟建工程可能发生的措施项目费用作全面的考虑。在措施项目清单列项时要全面，防止出现漏项的情况。作为可调清单一经报出，即被认为是包括了所有应该发生的措施项目的全部费用。如果报出的清单中有漏项，且施工中又必须发生的项目，业主有权认为，其已经综合在分部分项工程量清单的综合单价中，将来措施项目发生时投标人不得以任何借口提出索赔与调整。

《计价规范》规定措施项目清单应根据拟建工程的实际情况列项。通用措施项目可按表4-2选择列项专业工程的措施项目可按附录中规定的项目选择列项。若出现《计价规范》未列的项目可根据工程实际情况补充。

表 4-2　通用措施项目一览表

序号	项目名称
1	安全文明施工费
2	夜间施工费
3	二次搬运费
4	冬雨季施工
5	大型机械设备进出场及安拆费
6	施工排水
7	施工降水
8	地上、地下设施及建筑物的
9	临时保护设施

现行计价规范中，将措施项目分为能计量项目和不能计量项目两类。

对能计量的措施项目（即单价措施项目），同分部分项工程一样，编制措施项目清单时应列出项目编码、项目名称、项目特征、计量单位，并按现行计量规范规定，采用对应的工程量计算规则计算其工程量。

对不能计量的措施项目（即总价措施项目，见表4-3），以"项"为计量单位。措施项目清单中仅列出了项目编码、项目名称，但未列出项目特征、计量单位的项目，编制措施项目清单时，应按现行计量规范附录（措施项目）的规定执行。

表4-3 总价措施项目清单与计价表

工程名称： 标段： 第 页 共 页

序号	项目编码	项目名称	计算基础	费率（%）	金额（元）	调整费率（%）	调整后金额(元)	备注
		安全文明施工费						
		夜间施工增加费						
		二次搬运费						
		冬雨期施工增加费						
		已完工程及设备保护费						
合 计								

编制人(造价人员)： 复核人(造价工程师)：

注：①"计算基础"中安全文明施工费可为"定额人工费"或"定额人工费+定额机械费"，其他项目可为"定额人工费"或"定额人工费+定额机械费"。

②按施工方案计算的措施费，若无"计算基础"和"费率"的数字，也可只填"金额"数值，但应在备注栏说明施工方案出处或计算方法。

(3)其他项目清单

依据《计价规范》的规定，其他项目清单宜按照：暂列金额、暂估价、计日工、总承包服务费等内容列项(见表4-4)。

表4-4 其他项目清单与计价汇总表

工程名称： 标段： 第 页 共 页

序号	项目名称	金额（元）	结算金额（元）	备注
1	暂列金额			明细详见《建设工程工程量清单计价规范》GB 50500—2013 表12-1
2	暂估价			
2.1	材料（工程设备）暂估价/结算价			明细详见《建设工程工程量清单计价规范》GB 50500—2013 表12-2
2.2	专业工程暂估价			明细详见《建设工程工程量清单计价规范》GB 50500—2013 表12-3

序号	项目名称	金额 （元）	结算金额 （元）	备注
3	计日工			明细详见《建设工程工程量清单计价规范》GB 50500—2013 表 12-4
4	总承包服务费			明细详见《建设工程工程量清单计价规范》GB 50500—2013 表 12-5
5	索赔与现场签证			明细详见《建设工程工程量清单计价规范》GB 50500—2013 表 12-6
	合计			

注：材料（工程设备）暂估单价进入清单项目综合单价，此处不汇总。

①暂列金额。暂列金额是招标人在清单中暂定的并包括在合同中的一笔款项。

②暂估价。暂估价是指招标人在清单中提供的，用于支付项目施工过程中必然会发生的但是现阶段不能确定价格的材料、工程设备的单价及专业工程的金额。暂估价包括材料暂估价、工程设备暂估价和专业工程暂估价。

③计日工。计日工是为了解决现场发生的，工程合同以外零星工作而设立的，按工程合同中约定的单价来计价。计日工对实际完成零星工作所消耗的人工工时、材料数量、施工机械台班进行计价，并按照计日工表中填报的适用项目的单价进行计价支付。

④总承包服务费。总承包服务费是解决招标人在法律、法规允许的条件下，进行专业工程发包，以及自行采购供应材料、设备时，要求总承包人对发包的专业工程提供协调和配合服务，所支付的费用。

（4）规费项目清单

规费是指根据省级政府或省级有关权力部门规定必须缴纳的，应计入建筑安装工程造价的费用。规费项目清单主要包括社会保险费、住房公积金、工程排污费。

（5）税金项目清单

税金指国家税法规定的，应计入建筑安装工程造价内的营业税、城市维护建设税及教育费附加等。出现规范未列的项目，应根据税务部门的规定列项。

规费、税金计价表，见表 4-5。

表 4-5 规费、税金项目计价表

工程名称：　　　　　　　　　标段：　　　　　　　　　　　　第 页 共 页

序号	项目名称	计算基础	计算基数	计算费率（%）	金额（元）
1	规费	定额人工费			
1.1	社会保障费	定额人工费			
（1）	养老保险费	定额人工费			
（2）	失业保险费	定额人工费			
（3）	医疗保险费	定额人工费			
（4）	工伤保险费	定额人工费			
（5）	生育保险费	定额人工费			
1.2	住房公积金	定额人工费			
1.3	工程排污费	按工程所在地环保部门收取标准，按实计入			
2	税金	分部分项工程费+措施项目费+其他项目费+规费−按规定不计税的工程设备金额			
	合　计				

编制人（造价人员）：　　　　　　　　　　复核人（造价工程师）：

4.4 建筑工程造价的计价依据

如欲在工程建设各阶段合理的确定工程造价，则必须有科学适用的计价依据。这些计价依据主要包括造价定额、造价指标、取费定额、工期定额、基础单价和工程造价指数等。

4.4.1 工程造价计价依据的分类

1. 造价定额

造价定额一般是指完成指定的单项施工内容在人力、物力、财力消耗方面所需的社会必要劳动量。在我国属于推荐性经济标准。其中最重要的有预算定额和概算定额。

（1）预算定额

预算定额是计价定额当中的基础性定额，主要用于在编制施工图预算时，计算工程造价和计算人工、材料、机械台班需要量。同时，预算定额是在招标承包情况下，计算标底和确定报价的主要依据。预算定额是按分部分项工程进行项目划分的。

（2）概算定额

概算定额是编制初步设计概算和修正概算时，确定工程概算造价，计算劳动、机械台班、材料需要量所使用的定额。概算定额的项目划分对象是扩大分部分项工程，其编制基础是预算定额，但比预算定额综合扩大。

2. 造价指标

造价指标是反映特定的单位工程、单项工程或建设项目所需人力、物力和财力的综合需要量。在我国，属参考性经济标准，如概算指标、投资估算指标。

（1）概算指标

概算指标是按一定计量单位规定的，比概算定额更综合扩大的分部工程或单位工程的劳动、材料和机械台班的消耗量标准和造价指标。在建筑工程中，它往往按完整的建筑物、构筑物以每平方米或每 100 平方米，或每幢建筑物，或每座构筑物等为计量单位进行编制。概算指标是在初步设计阶段编制工程概算，计算劳动、机械台班、材料需要量的依据。它一般是在概算定额和预算定额基础上编制的。

（2）投资估算指标

投资估算指标是在项目建议书可行性研究阶段编制投资估算的基础和依据。估算指标与概预算定额相比，具有较强的综合性和概括性。它往往以独立的建设项目、单项工程或单位工程为对象，综合项目全过程投资和建设中的各类成本和费用，反映其扩大的技术经济指标。投资估算指标一般根据历史的预决算资料和价格变动等资料编制，但其编制基础仍离不开预算定额、概算定额和概算指标。

3. 取费定额

取费定额是以某些费用项目为计算基础，反映专项费用的社会必要劳动量的百分率或标准，它是定额的一种特殊形式。

4. 工期定额

工期定额是为各类工程规定的施工期限的定额天数。包括建设工期定额和施工工期定额两个层次。

建设工期是指建设项目或独立的单项工程在建设过程中所耗用的时间总量，一般以月数或天数表示。施工工期一般是指单项工程或单位工程从开工到完工所经历的时间，它是建设工期中的一部分。

5. 基础单价

基础单价是指工程建设中所消耗的劳动力、材料、机械台班及设备工器具价格的总称。

6. 工程造价指数

工程造价指数是说明不同时期工程造价的相对变化趋势和程度的指标，即说明某一时间的工程造价比另一时期工程造价上升或下降的百分比。

4.4.2 人工、材料和机械台班定额消耗量

1. 人工定额消耗量的确定

预算定额中人工工日消耗量是指在正常施工生产条件下，生产单位假定建筑安装产品（即分部分项工程或结构件）必须消耗的某种技术等级的人工工日数量，它由分项工程所综合的各个工序施工劳动定额包括的基本用工、其他用工以及施工劳动定额同预算定额工日消耗量的幅度差三部分组成。

（1）基本用工

指完成假定建筑安装产品的基本用工工日。计算公式如下。

$$基本用工 = \sum（综合取定的工程量 \times 施工劳动定额）$$

（2）其他用工

①超运距用工。指预算定额的平均水平运距超过劳动定额规定的水平运距部分消耗的用工。

②辅助用工。指技术工种劳动定额内不包括而在预算定额内又必须考虑的工时消耗。

（3）人工幅度差

即预算定额与施工劳动定额的差额，主要是指在施工劳动定额中未包括而在正常施工情况下不可避免但又很难准确计量的用工。

概算定额中人工工日消耗量是指在正常施工生产条件下，生产单位建筑安装产品（即扩大的分部分项工程或完整的结构构件）必须消耗的某种技术等级的人工工日数量。它是在预算定额人工工日消耗量基础上适当综合得出的，两者之间一般允许有一定的幅度差。

2. 材料定额消耗量的确定

预算定额中的材料消耗量，是指在合理和节约使用材料的条件下，生产单位假定建筑安装产品（即分部分项工程或结构构件）必须消耗的一定品种规格的材料、半成品、构配件等的数量标准。它包括材料净耗量和材料不可避免损耗量。

（1）材料净耗量

材料的净耗量是指直接用到工程中去，构成工程实体的材料消耗量。它可以采用计算法、换算法和试验室试验法进行测定。

（2）材料不可避免损耗量的测定

材料不可避免损耗量包括以下几个方面。

①施工操作中的材料损耗量，包括操作过程中不可避免的废料和损耗量。

②领料时材料从工地仓库、现场堆放地点或施工现场内的加工地点运至施工操作地点的不可避免的场内运输损耗量、装卸损耗量。

③材料在施工操作地点的不可避免的堆放损耗量。

④材料预算价格中没有考虑的场外运输损耗量。

各分部分项工程材料净耗量（又称材料净耗定额）与材料不可避免损耗量（又称材料损耗定额）之和构成材料必需消耗量（材料预算定额量）。材料不可避免损耗量与材料必需消耗量之比，称为材料损耗率，其计算公式如下。

$$材料损耗率 = \frac{材料不可避免损耗量}{材料必需消耗量} \times 100\%$$

$$材料必需消耗量 = \frac{材料净耗量}{1 - 材料损耗率}$$

（3）周转性材料摊销额的测定

周转性材料是指在施工过程中多次使用的工具性材料，如脚手架、钢木模板、跳板、挡木板等。纳入定额的周转性材料消耗指标应当有两个：一个是一次使用量，供申请备料和编制施工作业计划使用，一般是根据施工图纸进行计算；另一个是摊销量，即周转材料使用一次摊在单位产品上的消耗量。

$$摊销量 = \frac{一次使用量 \times (1 + 损耗率)}{周转次数}$$

概算定额中的材料消耗量，是指在合理和节约使用材料的条件下，生产单位建筑安装产品（即扩大的分部分项工程）必须消耗的一定品种规格的材料、半成品、构配件等的数量标准。它是由该扩大分部分项工程包含的各分部分项工程预算定额材料消耗量综合而成的。

🔑 3. 机械台班定额消耗量的确定

预算定额中的机械台班消耗量是指在正常施工条件下，生产单位假定建筑安装产品（分部分项工程或结构构件）必须消耗的某类或某种型号施工机械的台班数量。它是根据合理的施工组织设计中确定的施工机械的规格、型号计算的，包括以下两点。

①综合各工序机械台班定额之和，即

$$\sum （各工序实物工程量 \times 相应的施工机械台班定额）$$

②预算定额和施工定额的机械台班幅度差。概算定额中机械台班消耗量是指在正常施工条件下，生产单位建筑安装产品必须消耗的某类、某种型号施工机械台班数量。这是在预算定额机械台班消耗量基础上适当综合得出的，两者之间允许有一定的幅度差，这个幅度差在

5%左右。

4.4.3 基础单价

1. 人工工资单价

人工工资单价是指一个建筑安装工人一个工作日在预算中应计入的全部人工费用。它一般包括如下几项。

（1）基本工资

基本工资按照岗位技能工资制度，它一般包括岗位工资、技能工资和年工资等。

（2）工资性补贴

工资性补贴是指为了补偿工人额外或特殊的劳动消耗及为了保证工人的工资水平不受特殊条件的影响，而以补贴形式支付给工人的劳动报酬。包括交通补贴、流动施工津贴、住房补贴、地区津贴、物价补贴和工资附加等。

（3）辅助工资

辅助工资是指工人在年有效施工天数以外非作业天数的工资。包括职工学习、培训期间的工资，调动工作、探亲、休假期间的工资，因气候影响的停工工资，女工哺乳时间的工资，病假在 6 个月以内的工资，以及产、婚、丧假期的工资。

（4）职工福利费

（5）劳动保护费

2. 材料的预算价格

材料的预算价格是指材料（包括构件、成品及半成品等）从其来源地（或交货地点）到达施工工地仓库（施工地点内存放材料的地点）后的出库价格。

材料预算价格一般由材料原价、供销部门经营费、包装费、运输费、采购及保管费组成。其中材料原价与供销部门经营费之和被称为供应价，它是材料预算价格中最重要的构成因素。材料预算价格的计算公式如下。

$$材料预算价格 = （材料原价 + 供销部门经营费 + 包装费 + 运输费）$$
$$\times （1 + 采购及保管费率） - 包装品回收价值$$

3. 机械台班单价

机械台班单价是指一台施工机械在正常运转条件下，一个工作班中所发生的全部费用。它由以下各项组成。

（1）折旧费

折旧费是指机械设备在规定的使用期限（即耐用总台班）内陆续收回其原值时，每一台班所摊的费用。其计算公式如下。

$$台班折旧费 = \frac{机械预算价格 \times (1 - 残值率)}{耐用总台班数}$$

①机械预算价格(机械原值)由机械出厂价格(或到岸完税价格)和由生产厂(销售单位交货地点或口岸)运至使用单位机械管理部门验收入库的全部费用组成。

②残值率是施工机械报废时回收的残余价值占原值的比率。

③耐用总台班数指机械设备从开始投入使用至报废前所使用的总台班数。

(2)大修理费

大修理费是指机械设备按规定的大修间隔台班进行必要的大修理以恢复机械的正常功能时每台班所摊的费用。其计算公式如下。

$$台班大修理费 = \frac{一次大修理费 \times (大修周期数 - 1)}{耐用总台班数}$$

(3)经常修理费

(4)安拆费和场外运输费

安拆费是指机械在施工现场进行安装、拆卸所需人工、材料、机械和试运转费用。场外运输费是指机械整体或分体自停置地点运至现场或一工地运至另一工地的运费、装卸、辅助材料及架线等费用。

(5)燃料动力费

燃料动力费是指机械在运转或施工作业中所消耗的固体燃料、液体燃料、电力、水和风力等费用。

(6)人工费

人工费是指机上司机或副司机、司炉的基本工资和其他工资性津贴。

(7)运输机械养路费及车船使用税

4.4.4 费用定额

🔍 1. 建筑安装工程取费定额

建安工程取费定额主要包括其他直接费定额、现场经费定额和间接费定额。

(1)其他直接费定额

其他直接费定额是指直接费以外,在施工过程中发生的并与施工生产直接有关的费用标准。其他直接费属于直接工程费的一部分,但它又难以用消耗量的形式列入概预算定额分项之内。在编制预算时,可采用两种办法计算:一是按工程的具体情况和实际需要计算;二是按年平均需要以费率形式计算,采用这种办法,就要编制统一的其他直接费定额。目前普遍采用第二种形式。

其他直接费的取费基础为：建筑工程一般以直接费作为取费基础，安装工程以人工费为取费基础。

（2）现场经费定额和间接费定额

现场经费定额和间接费定额是确定现场经费和企业经营费的开支标准。现行的各地区、各部门制定的现场经费和间接费定额基本上依据建筑安装生产工人平均年费用开支额，按现场经费和间接费的费用项目、内容等分别核定，再按所核定的各项费用开支额之和，与建筑安装生产工人数比较后加以确定。其基本计算公式如下。

①当以直接费（或直接工程费）为计算基础时：

$$某项费用取费定额 = \frac{建筑安装生产工人平均年均该费用开支额}{全年有铲施工天数 \times 平均每一工日人工费} \times \frac{人工费占直接费}{（占直接工程费）}\%$$

②当以人工费为计算基础时：

$$某项费用取费定额 = \frac{建筑安装生产工人平均年均该费用开支额}{全年有铲施工天数 \times 平均每一工日人工费} \times 100\%$$

现场经费的取费基础与其他直接费相同。间接费的取费基础规定：建筑工程一般以直接费为基础，安装工程以人工费为基础。

2. 工程建设其他费用定额

工程建设其他费用属于建设项目或单项工程从筹建至竣工验收交付使用过程中应在固定资产投资中列支，又不能列入建筑安装工程费、设备工器具购置费的费用项目。长期以来，一直采用定性与定量相结合的方式，由主管部门判定工程建设其他费用的编制办法，一方面，对适于定量的费用规定开支标准；另一方面，对难于定量的费用项目，则规定其计算办法，如表4-6所示。

表4-6　工程建设其他费用编制办法

组成内容	编制方法
一、土地、青苗等补偿费和安置补助费	1. 根据有权单位批准的建设用地、临时用地面积和各省、自治区、直辖市人民政府制定颁发的各项补偿费、安置补助费标准计算；大中型水利水电工程建设移民安置办法，按有关专业部规定执行。 2. 此项费用除预备费外，不作其他费用计取的基础
二、建设单位管理费	以"单项工程费用"总和为基础，按照工程项目的不同规模分别制定的建设单位管理费率计算；或以管理费用金额总数表示。对于改、扩建项目应适当降低费率
三、研究试验费	按照设计提出的研究试验内容和要求进行编制

组成内容	编制方法
四、生产职工培训费	根据初步设计规定的培训人员数、提前进厂人数、培训方法、时间和职工培训定额计算。有的工程不发生提前进厂费，不得包括此项内容
五、办公和生活家具购置费	新建项目及改、扩建项目按照设计定员新增人数乘以综合指标计算
六、联合运转费	以"单项工程费用"总和为基础，按照工程项目的不同规模分别规定试运转费率或以试运转率的总金额包干使用
七、勘察设计费	按国家有关部门颁发的工程勘察设计收费标准和有关规定进行编制
八、供电费	按国家规定执行
九、施工机构迁移费	在编制初步设计概算时，应由建设项目的主管部门同意，按建筑安装工程费用的百分比或类似工程预算计算。施工图预算根据主管部门批准的施工队伍调迁计划进行计算
十、矿山巷道维修费	按照国务院主管部门规定执行
十一、引进技术和进口设备项目的其他项目	生活费、差旅费、技术资料费等按照合同和国家有关规定计算，保险费按照中国人民银行、国家发改委等单位规定的保险费率计算

4.4.5　建筑工程造价的计价

工程单价是指单位假定建筑安装产品的不完全价格。

1. 基本直接费单价

概预算定额中的主要指标是以实物量形式表现的人工、材料、机械台班消耗量，但在编制概预算时，普遍采用的方法是单价法和扩大单价法，为了方便使用，定额中也普遍设有价值指标，这就是由人工费、材料费、机械使用费构成的工程单价，被称为基本直接费单价，包括预算定额基价和概算定额基价。其计算公式如下。

$$\begin{aligned}
\text{概预算定额基价} &= \text{概预算定额单位材料费} + \text{概预算定额单位人工费} + \text{概预算定额单位施工机械使用费} \\
&= \sum \binom{\text{材料概预算定额消耗量}}{\times \text{材料预算价格}} + \sum \binom{\text{人工概预算定额消耗量}}{\times \text{人工工资单价}} + \\
&\quad \sum \binom{\text{施工机械概预算额消耗量}}{\times \text{机械台班费用单价}}
\end{aligned}$$

2. 全费用单价

综合单价，完成一个规定清单项目所需的人工费、材料和工程设备费、施工机具使用费和企业管理费、利润，以及一定范围内的风险的费用。这种单价不仅包括人工费、材料费和机械使用费，还包括其他直接费、现场经费和间接费等，因此又被称为全费用单价。全费用单价的计算公式如下。

$$全费用单价＝单位分部分项工程基本直接费＋其他直接费＋现场经费＋间接费$$

上式中，单位分部分项工程基本直接费即指单位分部分项工程人工费、材料费和机械使用费之和。

3. 完全单价

基本直接费单价和全费用单价均未包括价格的全部构成要素，都属于不完全单价。完全单价是指单价中既包括全部成本，也含利润和税金。在国外工程承发包报价中较为流行。

4. 清单价

清单计价是指招标人公开提供工程量清单，投标人自主报价或招标人编制标底及双方签订合同价款，工程竣工结算等活动，是由投标人完成由招标人提供的工程量清单所需的全部费用，包括分部分项工程费、措施项目费、其他项目费、规费和税金。

4.5　建筑工程设计阶段的造价控制

工程项目的投资控制与管理，应当贯穿于工程建设的全过程。工程投资的控制关键在于施工前的投资决策和设计阶段，而在项目作出投资决策后，控制工程总投资的关键在于设计阶段。

工程建筑设计阶段造价控制的措施有如下几点。

1. 树立科学合理的造价控制理念

造价人员是工程建设整体工作中最主要的影响因素，因此造价人员树立科学合理的造价控制理念是获得理想管理效果的有效途径。禁止出现"三超"情况，即概算超估算、预算超概算、结算超预算。监理部门应该帮助企业采取有效措施积极引导所有参与工程造价的人员树立科学合理的造价控制理念，促进工程造价获得更为理想的控制效果。

2. 明确工程设计阶段造价控制目标

工程建设企业在开展设计工作之前必须明确自身造价控制目标，造价控制目标的确定，不仅能够约束工程建设设计阶段中所有费用的支出及使用，而且能提升设计方案的经济效益。在工程建设设计阶段中，一般前期造价控制工作主要包括方案设计及投资估算。投资估算作为建设项目初步设计概算控制目标，且将初步设计概算作为施工图预算控制目标。若在设计阶段存在技术设计，用修正概算作为施工图预算的控制目标。

3. 提升设计参与职员综合技能及素质

工程建设要想实现预期设计造价控制目标，就必须具备高素质的人才，设计职员不仅要熟悉各项设计环节，还应该能够正确处理一些突发情况，确保设计造价控制工作得到顺利进行。持续提升设计人员的综合技能及素质，设计阶段的技术与经济有机结合起来，为工程建设项目提供科学合理、经济先进的设计依据，有效管理并控制工程造价。

4. 方案优化及设计变更管理

经济上运用价值工程进行设计方案优化。控制造价并不是片面地认为工程造价越低越好，而是把工程的功能和造价两方面综合起来分析。而价值系数正是功能和造价的综合体现。满足必要的功能费用，消除不必要的工程费用，是工程造价控制本身的要求。

设计变更是影响工程造价控制的另一个因素。一个大型的建设项目，设计变更是不可避免的，但要加强对设计变更的管理。设计变更包含设计工作本身的漏项、错误或其他原因的修改和补充原设计的技术资料，以及建设单位提出的变更要求。变更和现场签证两者性质截然不同，凡属设计变更范畴，必须按设计变更处理，不能用现场签证代替。设计变更是工程变更的一部分，因而关系到进度、质量和造价控制。设计变更应尽量提前，变更发生得越早损失越小，反之则越大。

5. 推行限额设计，严格控制投资规模

按照批准的设计任务书及投资估算控制初步设计，按批准的初步设计总概算控制施工图设计。各专业在保证达到使用功能的前提下，按分配的投资限额控制技术设计和施工设计的不合理变更，保证总投资限额不被突破。设计监理在工程项目的造价、进度、质量控制中起着重要的作用，特别是对控制工程投资起着至关重要的作用。

工程建设项目造价控制的关键环节在于设计阶段。经济合理与先进技术相结合，促进工程建设设计阶段中的造价控制，使有限资金得到充分合理的使用。

4.6 建筑工程施工招标阶段的造价控制

招投标阶段是业主确定工程造价的一个重要的阶段，它对今后的施工以至于工程竣工结算都有着直接的影响，因此，招投标阶段的造价控制对整个工程造价控制非常必要。

施工招投标阶段造价控制的措施有以下几点。

1. 大力推行工程量清单招标

实行工程量清单招标，通过招标人与投标人对计价风险的合理分担，促进各方面管理水平的提高。

实行工程量清单招标，避免了工程招标中的弄虚作假、暗箱操作等违规行为，有利于廉政建设和净化建筑市场环境，规范招标行为。

2. 改进建筑工程评标方法

①在评标过程中剔除不合理价，不应简单地剔除所报的最高价和最低价，而应剔除低于个别成本的低价和超过标底的高价。

②招标的标底反映的是本行业本地区企业的平均先进水平，所以标底价格稍偏高。因此，标底可以用来作为限制报价最高价的依据，而不应作为确定评分标准的依据。

③如果某企业的报价最低，也不能简单认为它是不合理价格。投标人技术和管理水平高于社会平均水平，其个别成本有可能低于社会平均成本。

3. 重视投标文件评审工作

招标人必须重视评标工作。合理规范地确定评标委员会，评标委员会应对标书中存在的遗漏进行必要的补正，以减少合同履行过程中无谓的推诿扯皮，保证工程建设的顺利实施。

我国目前评标一般采用两种评标办法：经评审的最低投标价法和综合评估法。技术标评审和商务标评审是招标评审的两个重要环节。

4.7 建筑工程施工阶段的造价控制

建筑工程项目的施工阶段是建筑物实体形成阶段，是人力、物力、财力消耗的主要阶段。控制工程造价，发挥投资效益，监理方要在工程施工阶段加强工程建设的管理和监督职能，科学合理地实施质量、进度、造价三大控制。这三大控制，互相影响，必须全面管控，从而达到高效、经济的工程管理目的。

4.7.1　施工阶段工程造价控制的依据和原则

1. 工程造价控制的依据

①工程施工合同及其变更、协议。

②本工程设计图纸、说明及设计变更、洽商记录。

③国家相关法律、法规、规范及政策文件。

④工程项目相关材料的市场信息价格。

⑤现行的强制性标准及定额。

⑥其他与造价相关的文件、标准等。

2. 工程造价控制的原则

①工程款的支付应按工程施工合同中所确定的合同价和约定的方法来进行支付。

②合同执行过程中，如报验资料不全、完成内容与合同文件的约定不符、未经质量签认合格或有违约的情况，监理人员应对承包方报审的工程量不予审核和计量。

③工程量的计量与审核应符合有关的计算规则。

④监理人员在处理由于工程变更和索赔引起的费用增减，坚持公平、公正、合理。

⑤当出现有争议的工程量计量和工程款支付时，首先采取协商的方法确定。当协商无效时，由总监理工程师作出临时决定，事后承包人与业主方协商达成最终协议。若仍有争议，可按合同中约定的争议条款的解决方式进行处理。

⑥对工程量及工程款的审核在建设工程施工合同所约定的时限内完成。

4.7.2　施工阶段造价控制的方法及控制程序

1. 施工阶段监理造价控制的方法

工程监理在施工阶段的工程造价控制可从事前控制、事中控制、事后控制三个方面进行。

（1）施工阶段工程监理造价工作的事前控制

①熟悉工程合同条款及投标的工程量清单。做好工程造价的控制，首先要熟悉工程合同条款及投标的工程量清单，为工程款支付、变更及索赔工作做好充分准备。施工合同是工程

造价管理的重要依据。甲乙双方签订的施工合同，一方面约定了承包方应完成一定的建筑安装工程任务，另一方面也明确了发包方应提供的必要施工条件并支付工程价款。其中包括有关工程计量的规定、合同履行过程中结算与支付的规定、工程变更和价格调整的规定以及索赔的规定等。所以，工程施工合同是核定和控制工程造价必需的依据，是严格按工程已被批准的总概算标准完成工程施工的重要保证，也是工程造价管理工作的重要依据。

②审核施工组织设计。认真审核施工组织设计，采用经济技术比较方法进行综合评审，加强投资控制。施工方法的不同，对工程造价影响很大。重点审查施工组织设计中各种不合理施工措施增加的费用，并防止各种索赔事件的诱因包含在其中。这种投资的事前控制，对今后监理工作的投资控制有事半功倍的功效。

③熟悉工程设计图纸。熟悉工程地质报告、设计图纸、周边施工条件，在审核承包单位施工组织设计时进行技术经济分析，尽可能找出工程造价最易突破的部分和环节，以及易发生工程变更、费用索赔的因素和部位，提出制定防范性的措施和对策，做好事前控制。一般来说，业主未能按约定提供相应的施工条件、工程进度款支付滞后、材料供应脱节、甲方指定分包商的施工不利(工程延期或施工质量差)等是承包商提出索赔的主要因素。

(2)施工阶段工程监理造价工作的事中控制

①控制工程进度款的支付。严格控制工程进度款的支付，将工程造价管理从单纯的"费用管理"向投资、进度、质量综合管理思维方式上转换。在对整个施工监理过程中，工程造价控制已远超过只对工程费用实施管理的范围，成为对工程项目质量、进度等目标实施全面管理的重要手段和措施。工程费用监理是工程监理的主要调控手段和关键工作环节。工程进度款支付是投资控制的有效手段，是工程质量和进度的有力保证。只有按图施工，并通过监理人员质量检验合格，计量核实的工程项目进度款，造价工程师才审核支付。

②严格控制工程变更程序。在工程施工阶段对工程造价进行管理。首先严格控制工程变更程序，建立和制定完善的计量、支付、变更的管理制度和办法，突出事前控制，强化事中控制，完善事后控制。突出事前控制是指要避免设计院出变更、施工单位实施、实施完再报决算的习惯模式。除非有特殊情况，一般的工程变更都必须建立先由施工单位打立项报告，监理工程师审核，经业主批准立项后才可以实施的程序。另外，工程变更的费用和变更方案是联系在一起的，因此变更立项报告在说明变更处理方案的同时，必须同时说明相应的变更价款，从而使业主决策时对造价心中有数，避免造价失控。变更价款的确定应按一定的程序进行，不同的合同文本其处理程序也有所不同。必须依据工程变更内容认真核查工程量清单和估算工程变更价格，进行技术经济分析比较，检查每个子项单价、数量和金额的变化情况，按照承包合同中工程变更价格的条款确定变更价格，计算该项工程变更对总投资额的影响。应防止承包商"先斩后奏"，如果待工程变更付诸实施再去核实计量，现场已面目全非，事后

核量则难以准确把握。只有规范工程变更操作，实行事前把关，主动监控，工程变更的投资才能得到有效控制。

③严格现场签证管理，及时掌握工程造价变化。在施工过程中，建设单位要加强现场施工管理，督促施工方按图施工，严格控制变更洽商、材料代用、现场签证、额外用工及各种预算外费用，对必要的变更应做到先算账后花钱。变更一旦发生应及时计算因工作量变更而发生增减的费用，随时掌握项目费用额度，避免事情积压成堆，对工程造价心中无数。建设单位的现场代表要督促施工方做好各种记录，特别是隐蔽工程记录和签证工作，要制定完备的隐蔽工程现场签证制度，认真做好隐蔽工程验收记录，严格控制施工现场的每一项隐蔽工程签证。要以有效签证后的隐蔽工程量作为编制结算的依据，减少结算时的扯皮现象。

④深入现场及时了解、收集相关信息资料。造价人员要深入现场及时了解、收集相关信息资料，特别是可能会引起造价调整的各类资料，核对工程变更和现场签证的准确性、完整性和完成的时点。尤其是一些大型工程由于施工工期较长，一般合同规定可按物价指数进行价格调整，这项工作显得尤为重要。

（3）施工阶段工程监理造价工作的事后控制

①要加强工程造价的动态跟踪控制。建筑工程的施工周期一般较长，而市场的变化和工程本身的变更，对工程造价都将产生影响。为了保证整个工程造价控制在合同范围内，造价工程师应及时根据市场和现场的情况，综合已发生和将发生的费用现状，对工程造价进行跟踪，及时调整合同价款，使决策者在工程管理中造价方面始终处于主动地位。

②工程价款、合同争议的合理处理。首先，可由工程造价咨询机构接受发包人或承包人委托，出具竣工结算报告。如当事人一方对报告有异议的，可就工程结算中有异议部分，向有关部门咨询后申请协商处理；若不能达成一致的，双方可按合同约定的争议或纠纷解决程序办理。其次，如发包人对工程质量有异议，已竣工验收或已竣工未验收但实际投入使用的工程，其质量争议按该工程保修合同执行；已竣工未验收且未实际投入使用的工程及停工、停建工程的质量争议，应当就有争议部分的竣工结算暂缓办理，双方可就有争议的工程委托有资质的检测鉴定机构进行检测，根据检测结果确定解决方案，或按工程质量监督机构的处理决定执行，其余部分的竣工结算依照约定办理。

2. 施工阶段监理造价控制的工作流程

项目监理机构应根据监理委托合同中确定的造价控制的范围，来制订目标计划，采取相应的措施，编制造价控制具体的工作流程及工作内容实施细则（见图4-6）。

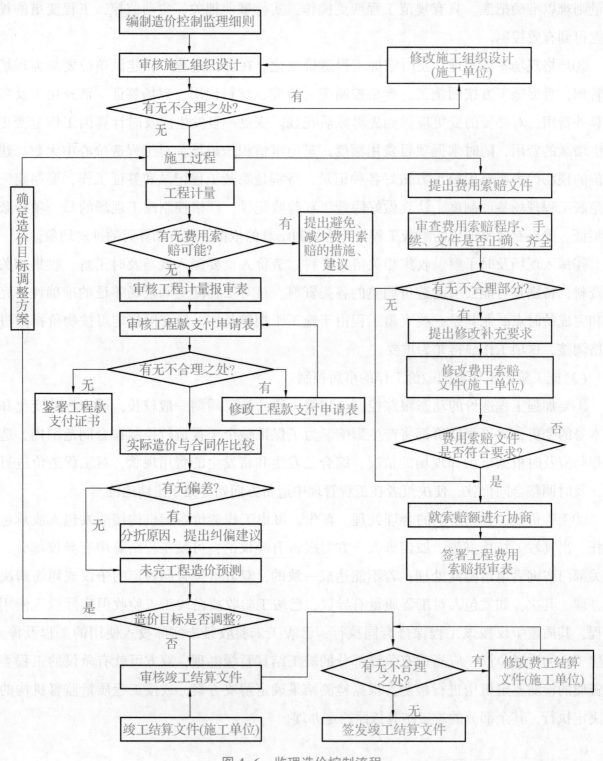

图 4-6 监理造价控制流程

4.7.3 施工阶段工程造价控制的工作要点

造价控制在施工过程中是一个动态的系统过程，涉及环节较多且控制难度大。因此，施工阶段全过程造价控制是动态的、复杂的管理过程。项目监理机构作为公正的第三方，要在工程实施过程中对工程计量、设计变更、工程索赔、现场签证管理等方面严格把控，按监理投资控制程序认真执行。从而在维护质量、安全的前提下，做好工程投资控制，防止工程项目出现"三超"的现象。

1. 工程计量

工程计量工作应在工程质量达到合同要求的已完工程才予以工程计量。工程质量是工程计量的基础，计量工作是工程质量的保障。

施工阶段监理人员要对项目工程中的工程量清单内容、合同文件中规定的内容、工程变更内容进行工程计量工作。但对超出设计图纸范围、施工单位自身原因造成的质量问题或不合格工程、未经监理机构或建设单位认可的工程变更等监理机构不予计量。

（1）工程计量的程序

①承包单位按施工合同约定进度款支付时间向项目监理机构提交《工程款支付报审表》（表B.0.11），提交工程款支付报审表时应提交相关证明文件，如已完工程量报表、工程款计算书及相应的支持性文件。

②监理机构收到工程款支付报审表后，专业监理工程师应对其中的工程量和支付金额进行现场与实际完成工程量复核，核查工作必要时可要求承包单位人员参加，核算工程量应按合同约定和定额的相关规定进行。监理人员应在收到工程款支付报审表后7日内容完成审核工作。

③专业监理工程师审查完成签署意见报总监理工程师审核签认。

④总监理工程师报建设单位审批，总监理工程师根据建设单位的审批意见，向施工单位签发《工程款支付证书》（A.0.8）。

⑤监理人员未在收到承包人提交的工程量报表后的7日内完成审核的，承包人报送的工程量报告中的工程量视为承包人实际完成的工程量，据此计算工程价款。

（2）工程计量在《建设工程工程量清单计价规范》GB 50500—2013中的一般规定

①发包人认为需要进行现场计量核实时，应在计量前24小时通知承包人，承包人应为计量提供便利条件并派人参加。双方均同意核实结果时，则双方应在上述记录上签字确认。承包人收到通知后不派人参加计量，视为认可发包人的计量核实结果。发包人不按照约定时间通知承包人，致使承包人未能派人参加计量，计量核实结果无效。

②当承包人认为发包人核实后的计量结果有误时，应在收到计量结果通知后的7日内向发包人提出书面意见，并附上其认为正确的计量结果和详细的计算资料。发包人收到书面意见后，应在7日内对承包人的计量结果进行复核后通知承包人。承包人对复核计量结果仍有异议的，按照合同约定的争议解决办法处理。

③承包人完成已标价工程量清单中每个项目的工程量并经发包人核实无误后，发承包人

应对每个项目的历次计量报表进行汇总，以核实最终结算工程量，并应在汇总表上签字确认。

🔖 2. 设计变更管理

在工程项目实施过程中，会出现如施工条件的变化、工程量的变化、图纸问题、采用新材料、新工艺、新技术或由于自然或社会原因引起的停工或工期拖延等，都有可能使项目投资超出预算。工程变更对项目的工程造价产生的影响大，作为监理机构在处理工程变更时要明确各方的责任，从而维护参建各方的经济利益。项目监理机构在工程变更方面的工作应得到建设单位的授权后进行。

（1）监理机构工程变更处理程序（见图 4-7）

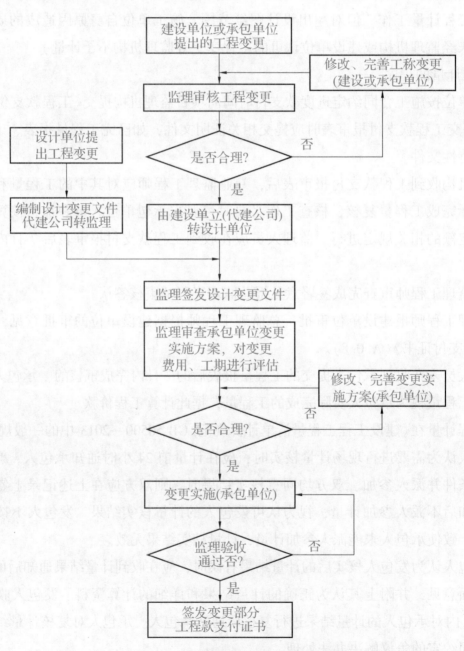

图 4-7 监理机构工程变更处理程序

在工程实施过程中，建设单位也会因使用功能的调整或方案的变化等原因提出工程变更。项目监理机构应依据现场实际情况对工程变更可能造成的费用、工期等进行评估，为建设单位的正确决策提供依据，避免反复和不必要的浪费。

（2）工程变更价款的确定方法

①变更单价参照《建设工程施工合同（示范文本）》（GF—2017—0201）中规定除专用合同条款另有约定外，依据以下条款执行。

a. 已标价工程量清单或预算书有相同项目的，按照相同项目单价认定。

b. 已标价工程量清单或预算书中无相同项目，但有类似项目的，参照类似项目的单价认定。

c. 变更导致实际完成的变更工程量与已标价工程量清单或预算书中列明的该项目工程量的变化幅度超过 15% 的，或已标价工程量清单或预算书中无相同项目及类似项目单价的，按照合理的成本与利润构成的原则，由合同当事人按照合同进行商定或确定时，总监理工程师应当会同合同当事人尽量通过协商达成一致，确定变更工作的单价。不能达成一致的，可由总监理工程师提出一个临时价格，作为支付依据。结算时以合同双方的最终协议进行。

②因工程变更引起已标价工程量清单项目或其工程数量发生变化，《建设工程工程量清单计价规范》（GB 50500—2013）规定，应按照下列规定调整。

a. 已标价工程量清单中有适用于变更工程项目的，采用该项目的单价；当工程变更导致该清单项目的工程数量偏差超过 15%。调整的原则为：当工程量增加 15% 以上时，其增加部分的工程量的综合单价应予调低；当工程量减少 15% 以上时，减少后剩余部分的工程量的综合单价应予调高。

b. 已标价工程量清单中没有适用，但有类似工程项目变更的，可在合理范围内参照类似项目的单价。

c. 已标价工程量清单中没有适用也没有类似于变更工程项目的，由承包人根据变更工程资料、计量规则和计价办法、工程造价管理机构发布的信息价格和承包人报价浮动率提出变更工程项目的单价，报发包人确认后调整。承包人报价浮动率可按下列公式计算。

招标工程

$$承包人报价浮动率 L=（1-中标价/招标控制价）\times 100\%$$

非招标工程

$$承包人报价浮动率 L=（1-报价值/施工图预算）\times 100\%$$

d. 已标价工程量清单中没有适用也没有类似于变更工程项目，且工程造价管理机构发布的信息价格缺价的，由承包人根据变更工程资料、计量规则、计价办法和通过市场调查等取得有合法依据的市场价格提出变更工程项目的单价，报发包人确认后调整。

e. 当项目工程变更引起施工方案改变，并使措施项目发生变化的，承包人提出调整措施项目费的，承包人应事先将拟实施的方案提交发包人确认，并详细说明与原方案措施项目相比的变化情况。经发承包双方确认后执行。承包人按方案实施。

③依据《建设工程施工合同(示范文本)》(GF—2017—0201)承包人应在收到工程变更通知单(C.0.2)后14日内，向监理人提交变更报价书，并附变更工作的价格及施工方案和相关图纸等与变更工作相关的资料。监理人员应在收到变更报价书后7日内审查完毕并报送发包人。如监理人员对变更报价书有异议时，应通知承包人修改后重新提交。发包人应在承包人提交变更报价书后14日内审批完毕。因工程变更引起的价格调整应与工程进度款同期支付。

3. 工程索赔管理

(1)索赔的概念

索赔是指在合同履行过程中，因对方过错造成损失，且由对方承担责任的情况。项目施工过程中，由于施工现场条件出现变化、施工图纸的变更、规范标准文件的更新、施工进度的变化等因素的影响，都会导致索赔事件的出现。进而工程项目的投资发生变化，因此索赔管理是施工阶段造价控制的重要手段之一。

(2)索赔的管理

在工程项目实施过程中项目监理机构应及时收集、整理与工程索赔相关的原始资料，如工程变更、会议纪要、工作联系单、工程合同等，为处理索赔事件提供证据。

当项目监理机构在处理索赔事件时应依据法律法规、勘察设计文件、施工合同文件，工程建设标准、索赔事件的证据等相关凭证进行处理。索赔可能是承包人向发包人提出，如因发包人未按合同约定履行各项义务或由发包人承担责任的其他事件，造成承包人的工期延误与经济损失。也可能是发包人向承包人提出，如因承包人未按合同约定履行各项义务或应由承包人自己承担的责任事件，给发包人造成损失的情况。

当监理人员收到承包人提出索赔的处理程序。

①监理人收到承包人提交的《费用索赔报审表》(B.0.13)后，应及时审查索赔通知书内容，核对承包人的记录和证明材料，必要时可要求承包人提交全部原始记录。

②监理人收到承包人提交的索赔报审表(附索赔报告)后应在合同约定的期限内完成审查，如需承包人提交进一步详细资料时，应在施工合同约定的期限内及时通知承包人。

③监理人员、发包人与承包人就索赔事件处理协商达成一致意见后，总监理工程师在收报索赔申请表后28日内签发费用索赔报审表。

④如承包人接受索赔事件处理结果，发包人应在合同约定的期限内完成赔付。承包人不接受索赔处理结果的，按施工合同中约定的争议解决方式处理。

4. 现场签证管理

现场签证是指施工管理过程中发生的合同以外零星事件的确认。

（1）现场签证的范围

现场签证的范围一般包括以下几个方面。

①施工合同范围以外零星用工的工程量。

②在工程施工过程中因设计变更引起的需要现场确认的工程量增减。

③非承包人原因造成的人工、材料、设备等有关损失。

④在施工过程中，因现场施工条件、地下状况发生变化，导致工程量增减或其他变更事项。

⑤ 因发包人调整建设方案引起的工程量或费用增减。

（2）现场签证的程序

①承包人按发包人的要求完成相应工作后，及时向发包人提出现场签证要求。

②承包人应在收到发包人指令后的 7 日内，向发包人提交现场签证报告，现场签证中应列明完成工作项目所需的人工、材料、工程设备和施工机械台班的数量等资料文件。

③当发生工程签证事件时，未经发包人签证确认的，承包人便擅自施工的，发包人不予计量。征得发包人书面同意的除外。

④现场签证工作完成后的 7 日内，承包人应按照现场签证内容计算价款，报送发包人确认后，作为增加合同价款，与进度款同期支付。

（3）现场签证的要点

①发生签证事件后，监理工程师及时按流程处理，并关注签证的时效性，避免事件发生后多日进行补签的情况。

②现场签证单要内容详细、责任明确，签证单应列明工程名称、发生的时间、部位或范围、变更签证的内容做法及原因说明、工程量的增减、相关图纸说明等，与签证事件有关的内容。

③现场签证单应签章证齐全。

④承发包双方都应设置现场签证事件记录，审批完成后建立台账并整理归档，妥善保存。

4.7.4　工程款的支付

1. 工程预付款的支付

（1）工程预付款支付要求

工程预付款是建设工程施工合同订立后由发包人按照合同约定，在正式开工前预先支付给承包人的工程款。它是施工准备和所需要材料、结构件等流动资金的主要来源。发包人根据工程的特点、工期的长短等因素在合同条件中约定工程预付款的比例。工程预付款拨付的时间和金额应按照发承包双方的合同约定执行。

当合同中无约定的宜执行《建设工程价款结算办法》（财建〔2004〕369 号）的相关规定执行："包工包料工程的预付款按合同约定拨付，原则上预付比例不低于合同金额的 10%，不高于合同金额的 30%，对重大工程项目，按年度工程计划逐年预付。"执行《建设工程工程量清单计价规范》的工程，实体性消耗和非实体性消耗部分应在合同中分别约定预付款比例。

当施工现场具备条件的前提下，发包人应在双方签订合同后的一个月内或不迟于约定的开工日期前的 7 日内支付工程预付款，预付的工程款应按合同中约定抵扣方式，并在工程进度款中进行抵扣。为让工程预付款全部用于工程中，防止承包人收到工程预付款后不能按时进场施工，发包人可以在合同中约定，对工程预付款的使用情况进行监督。

（2）工程预付款的扣回时间和方式

工程预付款应在工程开工后完成工程量达一定比例时在支付工程进度款时扣回。折回方式与比例应在合同中明确约定。

发包单位拨付给承包单位的备料款属于预支性质，到了工程实施后，随着工程所需主要材料储备的逐步减少，应以抵充工程价款的方式陆续扣回。

①扣款的方法。可以从未施工工程尚需的主要材料及构件的价值相当于备料款数额时起扣，从每次中期结算工程价款中，按材料或构配件比重扣抵工程价款，竣工前全部扣清。其基本表达公式如下。

$$T = P - M/N$$

式中：T——起扣点，即工程预付款开始扣回时的累计完成工程量金额。

M——工程预付款数额。

N——主要材料、构配件所占比重。

P——承包工程合同总额。

②扣款的方法也可以在承包方完成金额累计达到合同总价的一定比例后，由承包方开始向发包方还款，发包方从每次应付给承包方的金额中扣回工程预付款，发包方至少在合同规定的完工期前将工程预付款的总计金额逐次扣回。

（3）安全文明施工费

措施费中的安全文明施工费是指按照国家现行的建筑施工安全、施工现场环境与卫生标准及有关规定，购置和更新施工防护用具及设施、改善安全生产条件和作业环境所需要的费用，不作为竞争性费用。应以国家和工程所在地省级建设行政主管部门的规定进行。安全文明施工费按照实际发生变化的措施项目调整，不得上浮或下调。

监理机构应监督安全文明施工费的责任落实到位情况。安全文明施工费计取方面是否存在违反国家强制性标准规定参与总价让利现象。

依据《建设工程工程量清单计价规范》（GB 50500—2013）中规定。

①发包人应在工程项目开工后的 28 日内预付不低于当年的安全文明施工费总额的 50%，

其余部分与进度款同期支付。因发包人没有按时支付安全文明施工费，承包人可催告发包人支付，发包人在付款期满后的7日内仍未支付的，如因此发生安全事故的，发包人应承担连带责任。

②承包人应对安全文明施工费按规定进行，应专款专用并在财务账目中单独列项以备查，不得挪作他用，否则发包人有权要求其限期改正；逾期未改正的，造成的损失和(或)延误的工期由承包人承担。

2. 工程进度款的支付

(1)工程进度款的结算方式

工程进度款可以根据情况不同采取多种方式，合同双方根据项目的特点在合同中约定结算方式。现阶段工程进度款结算方式主要有以下两种。

①按月结算：施工单位按月申报工作量及价款，业主进行审核按月支付，竣工后结算。

②分段结算：即按形象进度付款，即当年开工后当年不能竣工的项目，按照工程形象进度，划分不同阶段支付工程进度款。

当采用分段结算方式时，应按合同中约定具体的工程分段划分方法支付，计量周期应与付款周期一致。

(2)工程进度款的支付流程

项目监理机构在审批前要对承包人提交进度款申请的对应工程量与形象进度组织三方复核。确认此部分工程质量验收合格，方可进入支付流程(如图4-8所示)。

(3)工程进度款支付

施工单位在提报工程进度款支付申请时，应编制工程进度结算，如实反映现场实际完成情况，如扣除未施工完成的项目、工程预付款、甲方提供材料、工程质量保修金及其他相关费用。

项目监理机构应按规定对进度付款申请进行审核，其主要内容包括：

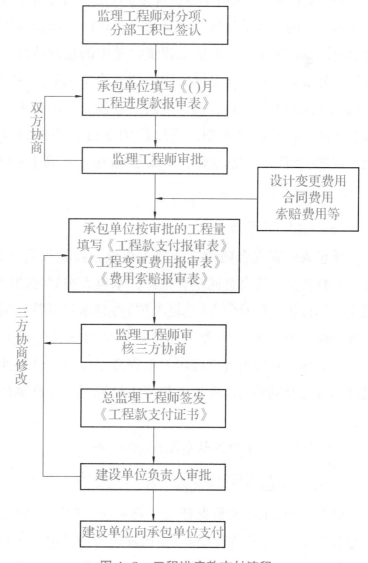

图4-8 工程进度款支付流程

已完成工程的合同价款，增加或扣减的变更金额及索赔金额、预付款的支付和返还、根据合同应增减的其他金额、应扣减的质量保证金等。工程质量保证金按专用合同条款的约定保留，直到扣留的总额达到约定的金额或比例为止。

在《建设工程施工合同(示范文本)》中关于工程进度款支付的规定："监理人应在收到承包人进度付款申请单以及相关资料后 7 日内完成审查并报送发包人，发包人应在收到后 7 日内完成审批并签发进度款支付证书。发包人逾期未完成审批且未提出异议的，视为已签发进度款支付证书。"

发包人在收到承包人进度款支付申请后的 14 日内对申请内容予以核实，确认无意见后向承包人出具进度款支付证书。如发现已签发的任何支付证书有错、漏或重复的数额，发包人有权予以修正，同时承包人发现支付有误时也有权提出修正申请。经发承包双方复核同意修改后，应与到期进度款同期支付或扣除。

《建设工程工程量清单计价规范》规定：已标价工程量清单中的单价项目，承包人应按工程计量确认的工程量与综合单价计算；如综合单价发生调整的，以发承包双方确认调整的综合单价计算进度款。已标价工程量清单中的总价项目，承包人应按合同中约定的进度款支付分解，分别列入进度款支付申请中的安全文明施工费和本周期应支付的总价项目的金额中。发包人提供的甲供材料金额，应按照发包人签约提供的单价和数量从进度款支付中扣出，列入本周期应扣减的金额中。进度款的支付比例按照合同约定，按期中结算价款总额计，不低于 60 %，不高于 90 %。

3. 工程竣工结算款的支付

(1)工程竣工结算

承包人已完成合同约定全部工程量，经验收质量合格，竣工资料齐全，符合合同结算条件，承包人在规定的时间内提交结算报告，向发包人(建设单位)办理最终结算，项目总监理师组织有关专业监理工程师审核呈报单位完成的工程量，经监理工程师负责审核竣工工程费用计算的合理性与正确性，并按合同的约定提出工程竣工结算额。建设单位支付工程款。

(2)工程竣工结算的基本流程(见图 4-9)

4. 工程质量保证金

依据《建设工程质量保证金管理办法》规定，"建设工程质量保证金(以下简称保证金)是指发包人与承包人在建设工程承包合同中约定，从应付的工程款中预留，用以保证承包

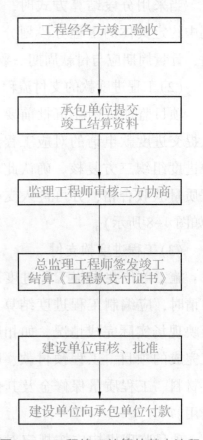

图 4-9　工程竣工结算的基本流程

人在缺陷责任期内对建设工程出现的缺陷进行维修的资金"。

缺陷责任期一般自工程实际竣工验收合格之日起计算,为 6 个月、1 年且最长不得超过 2 年,由发承包双方在合同中约定。发包人按照合同约定方式预留保证金,保证金总预留比例不得高于工程价款结算总额的 5%。缺陷责任期内,由承包人原因造成的质量缺陷,承包人负责维修,并承担维修费用。如承包人不维修也不承担费用,发包人可按合同约定从保证金中扣除,费用超出保证金额的,发包人可按合同约定向承包人进行索赔。承包人维修并承担相应费用后,也不能免除对工程的损失赔偿责任。

缺陷责任期内,承包人认真履行合同约定的,缺陷责任期满后由承包人向发包人申请返还保证金。如就返还及工程维修等有争议时,可按承包合同约定的争议和纠纷解决程序处理。

总之,工程造价的控制要贯穿可行性研究阶段的投资估算的编制与审查——项目设计阶段设计概算的编制与审查——招投标阶段承发包阶段合同价款的确定——施工阶段工程进度款的确定——竣工验收阶段竣工结算的审查的全过程造价控制。造价控制既要从宏观上进行控制,也要在微观上和具体细节上进行把握,改变过去以定额为主导的静态管理模式,开拓新的管理模式。

基础考核

一、单项选择题(每题的备选项中,只有 1 个最符合题意)

1. 下列费用中,属于建筑工程静态投资的是(　　)。

A. 基本预备费　　　B. 涨价预备费　　　C. 建设期利息　　　D. 运营期利息

2. 建筑工程定额反映了(　　)水平。

A. 企业管理　　　　　　　　　　B. 消耗量的价值

C. 社会平均消耗　　　　　　　　D. 社会平均先进消耗

3. 生产性建设工程总投资包括(　　)两部分。

A. 建设投资和流动资金　　　　　B. 建设投资和铺底流动资金

C. 静态投资和动态投资　　　　　D. 固定资产投资和无形资产投资

4. 设备运杂费的构成有(　　)。

A. 进口设备由设备制造厂交货地点起至工地仓库止所发生的运费和装卸费

B. 国产标准设备由我国到岸港、边境车站起至工地仓库所发生的运费和装卸费

C. 在设备出厂价格中包含的设备包装和包装材料器具费,应重复计算

D. 建设单位的采购与仓库保管费

5. 不属于国际工程项目建筑安装工程费用中的直接费的是(　　)。

A. 人工费　　　　B. 现场管理费　　　C. 材料设备费　　　D. 施工机械使用费

二、多项选择题(每题的备选项中,有 2 个或 2 个以上符合题意,至少有 1 个错项)

1. 按《建筑安装工程费用项目组成》(建标〔2003〕206 号)规定,措施费包括(　　　)。

A. 环境保护费　　　　　　　　　　　　B. 文明施工费

C. 混凝土添加剂费用　　　　　　　　　D. 安全施工费

E. 脚手架摊销费

2. 下列费用中,属于工程建设其他费用的有(　　　)。

A. 土地使用费　　　　　　　　　　　　B. 与项目建设有关的其他费用

C. 与未来企业生产经营有关的其他费用　D. 工程监理费

E. 工程保险费

3. 规费是指政府和有关权力部门规定必须缴纳的费用,包括的内容有(　　　)。

A. 工程排污费　　　B. 管理人员工资　　　C. 工程定额测定费　D. 劳动保险费

E. 危险作业意外伤害保险

4. 施工机械使用费的内容包括(　　　)。

A. 折旧费　　　　　B. 检验试验费　　　　C. 职工福利费　　　D. 燃料动力费

E. 养路费及车船使用税

5. 与未来企业生产经营有关的其他费用不包括(　　　)。

A. 联合试运转费　　　　　　　　　　　B. 城市建设配套费

C. 办公和生活家具购置费　　　　　　　D. 建设单位管理费

E. 引进技术和进口设备其他费

技能实训

在某项目施工过程中,由于业主要求变更设计图纸,使工作 B 停工 10 日(其他持续时间不变),监理工程师及时向承包方发出通知,要求承包方调整进度计划,以保证该工程按合同工期完成。承包方提出的调整方案及附加要求(以下各项费用数据均符合实际)如下。

1. 调整方案:将工作 J 的持续时间压缩 5 日。

2. 费用补偿要求:

(1)工作 J 压缩 5 日,增加赶工费 25 000 元;

(2)塔吊闲置 15 日补偿:600×15＝9 000(元)(600 元/日为塔吊租赁费);

(3)由于工作 B 停工 10 日造成其他有关机械闲置、人员窝工等综合损失 45 000 元。

【问题】承包方提出的各项费用补偿要求是否合理?为什么?监理工程师应批准补偿多少元?

链接执考

一、【2019 年监理工程师考试，单项选择题】

1. 下列费用中，属于建筑安装工程规费的是(　　)。

A. 教育费附加   B. 地方教育附加

C. 职工教育经费   D. 住房公积金

参考答案：D

2. 按照有关标准规定，对建筑及材料、构件和建筑安装物进行一般鉴定、检验所发生的费用在(　　)中列支。

A. 建筑安装工程材料费   B. 建筑安装工程企业管理费

C. 建筑安装工程规费   D. 工程建设其他费用

参考答案：B

二、【2019 年监理工程师考试，多项选择题】

1. 下列费用中，属于建筑安装工程人工费的有(　　)。

A. 特殊地区施工津贴   B. 劳动保护费

C. 社会保险费   D. 职工福利费

E. 支付给个人的物价补贴

参考答案：AE

2. 下列费用中，属于建筑安装工程施工机具使用费的有(　　)。

A. 施工机械临时故障排除所需的费用   B. 机上司机的人工费

C. 财产保险费   D. 仪器仪表使用费

E. 施工机械大修理费

参考答案：ABDE

建设工程进度控制

【知识目标】

1. 了解影响进度的因素。

2. 熟悉进度计划审核的内容。

3. 掌握横道图、进度前锋线比较法的应用。

【技能目标】

具备编制或审核施工进度计划的能力。

思维导图

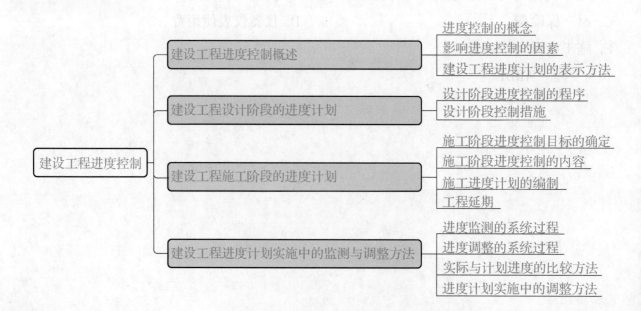

建设工程进度控制

- 建设工程进度控制概述
  - 进度控制的概念
  - 影响进度控制的因素
  - 建设工程进度计划的表示方法
- 建设工程设计阶段的进度计划
  - 设计阶段进度控制的程序
  - 设计阶段控制措施
- 建设工程施工阶段的进度计划
  - 施工阶段进度控制目标的确定
  - 施工阶段进度控制的内容
  - 施工进度计划的编制
  - 工程延期
- 建设工程进度计划实施中的监测与调整方法
  - 进度监测的系统过程
  - 进度调整的系统过程
  - 实际与计划进度的比较方法
  - 进度计划实施中的调整方法

5.1　建设工程进度控制概述

5.1.1　进度控制的概念

建设工程进度控制是指在工程项目建设各阶段编制进度计划，在实施过程中应经常检查对比实际进度与计划进度，如有偏差，则分析产生偏差的原因，采取补救措施或调整、修改原计划，直至工程竣工，交付使用。进度控制的最终目的是确保项目进度目标的实现，建设项目进度控制的总目标是建设工期。

进度、质量、投资并列为工程项目建设的三大目标，它们之间有着相互依赖和相互制约的关系。进度目标的有效控制对投资影响较大。

【技术提示】

进度、质量和投资三控之间是一个相互对立又相互统一的关系。

5.1.2　影响进度控制的因素

工程项目的进度，受诸多因素的影响，包括人的因素、技术的因素、物质供应的因素、机具设备的因素、资金的因素、工程地质的因素、社会政治的因素、气候的因素及其他潜在的难以预料的因素等。

施工项目进度控制过程中，应掌握动态控制原理，特别是找出主要原因，然后采取相应的措施。采取的主要措施有组织措施、技术措施、合同措施、经济措施和信息管理措施。措施的确定有两个前提。

①通过采取措施，维持原计划，使之正常实施。

②采取措施后不能维持原计划，要对进度进行调整或修正，再按新的计划实施。这种不断地计划、执行、检查、分析、调整计划的动态循环过程，就是进度控制。

【知识链接】

施工项目进度控制采取的主要措施有组织措施、技术措施、合同措施、经济措施和信息管理措施等。

1. 组织措施主要是指落实各层次的进度控制人员，具体职责分工，建立进度控制的组织系统，按施工项目结构、进展阶段或合同结构等进行项目分解，确定其进度目标，建立控制目标体系，确定进度控制工作制度，如检查时间、方法、协调会议时间、参加人员等，对影响进度的因素分析和预测。

2. 技术措施主要是加快施工进度的技术方法。

3. 合同措施是指对分包单位签订施工合同的工期与有关进度计划目标相协调。

4. 经济措施是指实现进度计划的资金保证措施。

5. 信息管理措施是指不断地将施工实际进度的有关资料进行收集整理统计，然后与计划进度比较，定期地向建设单位提供比较报告。

5.1.3 建设工程进度计划的表示方法

1. 横道图

用横道图表示的建设工程进度计划，包括两个基本部分，即左侧的工作名称及工作的持续时间等基本数据部分和右侧的横道线部分。该计划明确地表示出各项工作的划分，工作的开始时间和完成时间、工作的持续时间、工作之间的相互搭接关系，以及整个工程项目的开工时间、完工时间和总工期。利用横道图表示工程进度计划，存在下列缺点。

①不能明确地反映出各项工作之间错综复杂的相互关系，因而在计划执行过程中，当某些工作的进度由于某种原因提前或拖延时，不便于分析其对其他工作及总工期的影响程度，不利于建设工程进度的动态控制。

②不能明确地反映出影响工期的关键工作和关键线路，也就无法反映出整个工程项目的关键所在，因而不便于进度控制人员抓住主要矛盾。

③不能反映出工作所具有的机动时间，看不到计划的潜力所在，无法进行最合理的组织和指挥。

④不能反映工程费用与工期之间的关系，因而不便于缩短工期和降低工程成本。在横道计划的执行过程中，对其进行调整也是十分烦琐和费时的。

2. 网络图

无论是设计阶段，还是施工阶段的进度控制，均可使用网络图技术。建设工程进度控制主要应用于确定型网络计划。

与横道计划相比，网络计划具有以下主要特点。

①网络计划能够明确表达各项工作之间的逻辑关系。逻辑关系是指各项工作之间的先后顺序关系。网络计划能够明确地表达各项工作之间的逻辑关系，对于分析各项工作之间的相互影响及处理它们之间的协作关系具有非常重要的意义，同时也是网络计划比横道计划先进的主要特征。

②通过网络计划时间参数的计算，可以找出关键线路和关键工作。通过时间参数的计算，能够明确网络计划中的关键线路和关键工作，也就明确了工程进度控制中的工作重点。

③通过网络计划时间参数的计算，可以明确各项工作的机动时间。工作的机动时间，是指在执行进度计划时，除完成任务所必需的时间外尚剩余的、可供利用的富余时间，亦称"时差"。在一般情况下，除关键工作外，其他各项工作（非关键工作）均有富余时间。这种富余时间可视为一种"潜力"，既可以用来支援关键工作，也可以用来优化网络计划，降低单位时间资源需求量。

④网络计划可以利用电子计算机进行计算、优化和调整。网络计划不足之处，不像横道计划那么直观明了等，但这可以通过绘制时标网络计划得到弥补。

5.2　建设工程设计阶段的进度计划

建设工程设计阶段是工程项目建设程序中的一个重要阶段，同时也是影响工程项目建设工期的关键阶段之一。监理工程师必须采取有效措施对建设工程设计进度进行控制，以确保建设工程总进度目标的实现。

5.2.1　设计阶段进度控制的程序

建设工程设计阶段进度控制的主要任务是出图控制，也就是通过采取有效措施使工程设计者如期完成初步设计、技术设计、施工图设计等各阶段的设计工作，并提交相应的设计图纸及说明。为此，监理工程师要审核设计单位的进度计划和各专业的出图计划，并在设计实施过程中，跟踪检查这些计划的执行情况，定期将实际进度与计划进度进行比较，进而纠正或修改进度计划。若发现进度拖后，监理工程师应督促设计单位采取有效措施加快进度。图5-1是考虑3个阶段设计的进度控制工作流程。

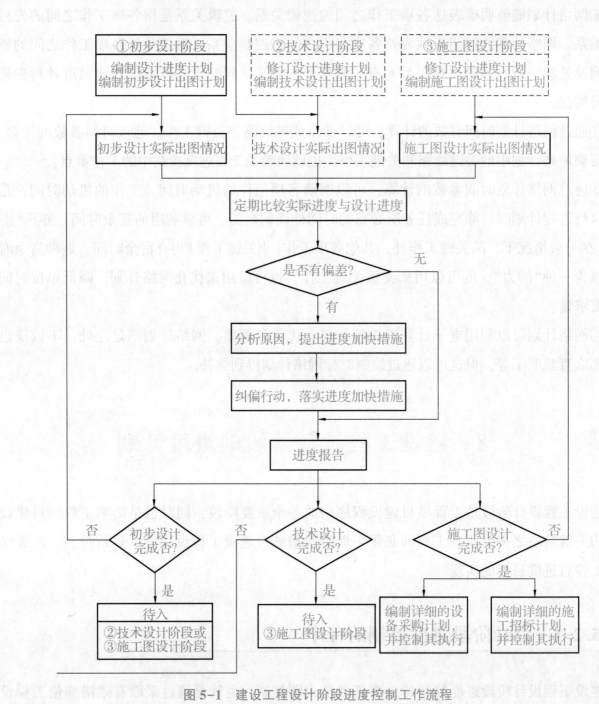

图5-1 建设工程设计阶段进度控制工作流程

5.2.2 设计阶段控制措施

1. 影响设计进度的因素

建设工程设计工作属于多专业协作配合的智力劳动，在工程设计过程中，影响其进度的因素有很多，归纳起来，主要有以下几个方面。

（1）建设意图及要求改变的影响

建设工程设计是本着业主的建设意图和要求而进行的，所有的工程设计必然是业主意图的体现。因此，在设计过程中，如果业主改变其建设意图和要求，就会引起设计单位的设计变更，必然会对设计进度造成影响。

（2）设计审批时间的影响

建设工程设计是分阶段进行的，如果前一阶段（如初步设计）的设计文件不能顺利得到批准，必然会影响到下一阶段（如施工图设计）的设计进度。因此，设计审批时间的长短，在一定条件下将影响到设计进度。

（3）设计各专业之间协调配合的影响

如前所述，建设工程设计是一个多专业、多方面协调合作的复杂过程，如果业主、设计单位、监理单位等各单位之间，以及土建、电气、通信等各专业之间没有良好的协作关系，必然会影响建设工程设计工作的顺利实施。

（4）工程变更的影响

当建设工程采用 CM 法实行分段设计、分段施工时，如果在已施工的部分发现一些问题而必须进行工程变更的情况下，也会影响设计工作进度。

（5）材料代用、设备选用失误的影响

材料代用、设备选用的失误将会导致原有工程设计失效而重新进行设计，这也会影响设计工作进度。

2. 监理单位的进度监控

监理单位受业主的委托进行工程设计监理时，应落实项目监理班子中专门负责设计进度控制的人员，按合同要求对设计工作进度进行严格监控。

对于设计进度的监控应实施动态控制。在设计工作开始之前，首先应由监理工程师审查设计单位所编制的进度计划的合理性和可行性。在进度计划实施过程中，监理工程师应定期检查设计工作的实际完成情况，并与计划进度进行比较分析。一旦发现偏差，就应在分析原因的基础上提出纠偏措施，以加快设计工作进度。必要时，应对原进度计划进行调整或修订。

在设计进度控制中，监理工程师要对设计单位填写的设计图纸进度表（表 5-1）进行核查分析，并提出自己的见解。从而将各设计阶段的每一张图纸（包括其相应的设计文件）的进度都纳入监控中。

表 5-1　设计图纸进度表

工程项目名称			项 目 编 号	
监 理 单 位			设 计 阶 段	
图 纸 编 号		图 纸 名 称	图 纸 版 次	

续表

图纸设计负责人		制表日期	
设 计 步 骤	监理工程师批准的设计完成时间	实际完成日期	
草　　图			
制　　图			
设计单位自审			
监理工程师审核			
发　　出			
偏差原因分析：			
措施及对策：			

5.3　建设工程施工阶段的进度计划

　　施工阶段是建设工程实体的形成阶段，对其进度实施控制是建设工程进度控制的重点。监理工程师受业主的委托在建设工程施工阶段实施监理时，其进度控制的总任务就是在满足工程项目建设总进度计划要求的基础上，编制或审核施工进度计划，并对其执行情况加以动态控制，以保证工程项目按期竣工交付使用。

5.3.1　施工阶段进度控制目标的确定

1. 施工进度控制目标分解

　　保证工程项目按期建成交付使用，是建设工程施工阶段进行控制的最终目的。为了有效地控制施工进度，首先要将施工进度总目标从不同角度进行层层分解，形成施工进度控制目标体系，从而作为实施进度控制的依据。

　　建设工程施工进度控制目标体系如图 5-2 所示。

　　①按项目组成分解，确定各单位工程开工及动用日期。

　　②按承包单位分解，明确分工条件和承包责任。

　　③按施工阶段分解，划定进度控制分界点。

　　④按计划期分解，组织综合施工。

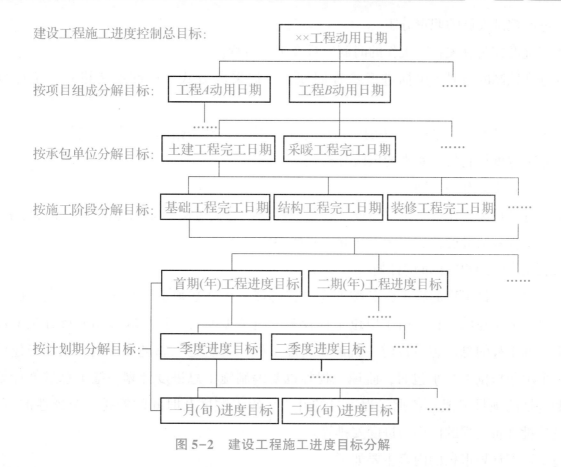

图5-2 建设工程施工进度目标分解

🔧 2. 施工进度控制目标的确定

确定施工进度控制目标的主要依据有：建设工程总进度目标对施工工期的要求；工期定额、类似工程项目的实际进度；工程难易程度和工程条件的落实情况等。

对工程项目的施工进度实施控制，就必须有明确、合理的进度目标（进度总目标和进度分目标），否则，控制便失去了意义。

5.3.2 施工阶段进度控制的内容

建设工程施工进度控制工作从审核承包单位提交的施工进度计划开始，直至建设工程保修期满为止，其工作内容主要有以下几个方面。

（1）编制施工进度控制工作细则

施工进度控制工作细则是在建设工程监理规划的指导下，由项目监理班子中进度控制部门的监理工程师负责编制的更具有实施性和操作性的监理业务文件，其主要内容包括以下几个方面。

①施工进度控制目标分解图。

②施工进度控制的主要工作内容和深度。

③进度控制人员的职责分工。

④与进度控制有关各项工作的时间安排及工作流程。

⑤进度控制的方法(包括进度检查周期、数据采集方式、进度报表格式、统计分析方法等)。

⑥进度控制的具体措施(包括组织措施、技术措施、经济措施及合同措施等)。

⑦施工进度控制目标实现的风险分析。

⑧尚待解决的有关问题。

施工进度控制工作细则是对建设工程监理规划中有关进度控制内容的进一步深化和补充。它对监理工程师的进度控制实际工作起着具体的指导作用。

(2)编制或审核施工进度计划

为了保证建设工程的施工任务按期完成,监理工程师必须审核承包单位提交的施工进度计划。对于大型建设工程,由于单位工程较多、施工工期长,且采取分期分批分包又没有一个负责全部工程的总承包单位时,就需要监理工程师编制施工总进度计划。或者当建设工程由若干个承包单位平行承包时,监理工程师也要编制施工总进度计划。施工总进度计划应确定分期分批的项目组成。各批工程项目的开工、竣工顺序及时间的安排。全场性准备工程,特别是首批准备工程的内容与进度安排等。

施工进度计划审核的内容主要如下。

①进度安排是否符合工程项目建设总进度计划中总目标和分目标的要求,是否符合施工合同中开工、竣工日期的规定。

②施工总进度计划中的项目是否有遗漏,分期施工是否满足分批动用的需要和配套动用的要求。

③施工顺序的安排是否符合施工工艺的要求。

④劳动力、材料、构配件、设备及施工机具、水、电等生产要素的供应计划是否能保证施工进度计划的实现,供应是否均衡,需求高峰期是否有足够能力实现计划供应。

⑤总包、分包单位分别编制的各项单位工程施工进度计划之间是否协调,专业分工与计划衔接是否明确、合理。

⑥对于业主负责提供的施工条件(包括资金、施工图纸、施工场地、采供的物资等),在施工进度计划中安排得是否明确、合理,是否有造成因业主违约而导致工程延期和费用索赔的可能性存在。

如果监理工程师在审查施工进度计划的过程中发现问题,应及时向承包单位提出书面修改意见(也称整改通知书),并协助承包单位修改,其中重大问题应及时向业主汇报。

【技术提示】

应当说明，编制和实施施工进度计划是承包单位的责任。承包单位之所以将施工进度计划提交给监理工程师审查，是为了听取监理工程师的建设性意见，但是，监理工程师对施工进度计划的审查或批准，并不能解除承包单位对施工进度计划的任何责任和义务。此外，对监理工程师来讲，其审查施工进度计划的主要目的是为了防止承包单位计划不当，以及为承包单位实现合同规定的进度目标提供帮助。如果强制地干预承包单位的进度安排，或支配施工中所需要劳动力、设备和材料，将是一种错误行为。

承包单位向监理工程师提交施工进度计划一经监理工程师确认，即应当视为合同文件的一部分，它是以后处理承包单位提出的工程延期或费用索赔的一个重要依据。

(3)签发工程开工令

监理工程师应根据承包单位和业主双方关于工程开工的准备情况，当现场实际情况满足开工条件时，总监理工程师应及时签发工程开工令。从发布工程开工令之日算起，加上合同工期后即为工程竣工日期。

监理工程师应参加由业主主持召开的第一次工地会议，会上落实双方关于工程开工准备情况。业主应按照合同规定，做好征地拆迁工作，及时提供施工用地。同时，还应当完成法律及财务方面的手续，以便能及时向承包单位支付工程预付款。承包单位应当将开工所需要的人力、材料及设备准备好，同时还要按合同规定为监理工程师提供工作条件。

(4)协助承包单位实施进度计划

监理工程师要随时了解施工进度计划执行过程中所存在的问题，并帮助承包单位予以解决，特别是承包单位无力解决的内外关系协调问题。协调是解决工程进度问题的最好方法。

(5)监督施工进度计划的实施

这是建设工程施工进度控制的经常性工作。监理工程师不仅要及时检查承包单位报送的实施进度报表和分析资料，同时还要进行必要的现场实地检查，核实所报送的已完成项目的时间及工程量，杜绝虚报现象。

【技术提示】

在对工程实际进度资料进行整理的基础上，监理工程师应将其与计划进度相比较，以判定实际进度是否出现偏差。如果出现进度偏差，监理工程师应进一步分析此偏差对进度控制目标的影响程度及其产生的原因，以便研究对策、提出纠偏措施。必要时还应对后期工程进度计划作适当的调整。

(6)组织现场协调会

监理工程师应每月、每周定期组织召开不同层级的现场协调会议，协调解决工程施工过程中的相互协调配合问题。

在平行、交叉施工单位多，工序交接频繁且工期紧迫的情况下，现场协调会甚至需要每日召开。

对于某些未曾预料的突发变故或问题，监理工程师还可以通过发布紧急协调指令，督促相关单位采取应急措施维护施工的正常秩序。

（7）签发工程进度款支付凭证

监理工程师应对承包单位申报的已完项目工程量进行核实，在质量监理人员检查验收后，签发工程进度款支付凭证。

（8）审批工程延期

造成工程进度拖延的原因有两个方面：一是承包单位自身的原因；二是承包单位以外的原因。前者所造成的进度拖延称为工程延误；而后者所造成的进度拖延称为工程延期。

①工程延误。当出现工程延误时，监理工程师有权要求承包单位采取有效措施加快施工进度。如果经过一段时间后，实际进度没有明显改进，仍然拖后于计划进度，而且显然影响工程按期竣工时，监理工程师应要求承包单位修改进度计划，并提交给监理工程师重新确认。

监理工程师对修改后的施工进度计划的确认，并不是对工程延期的批准，他只是要求承包单位在合理的状态下施工。因此，监理工程师对进度计划的确认，并不能解除承包单位应负的一切责任，承包单位需要承担赶工的全部额外开支和误期损失赔偿。

②工程延期。如果由于承包单位以外的原因造成工期拖延，承包单位有权提出延长工期的申请。监理工程师应根据合同规定，审批工程延期时间。经监理工程师核实批准的工程延期时间，应纳入合同工期，作为合同工期的一部分。即新的合同工期应等于原定的合同工期加上监理工程师批准的工程延期时间。

（9）向业主提供进度报告

监理工程师应随时整理进度资料，并做好工程记录，定期向业主提交工程进度报告。

（10）整理工程进度资料

在工程完工以后，监理工程师应将工程进度资料收集起来，进行归类、编目和建档，以便为今后其他类似工程项目的进度控制提供参考。

（11）工程移交

监理工程师应督促承包单位办理工程移交手续，颁发工程移交证书。在工程移交后的保修期内，还要处理验收后质量问题的原因及责任等争议问题，并督促责任单位及时修理。

【例5-1】某高架输水管道建设工程中有20组钢筋混凝土支架，每组支架的结构形式及工程量相同，均由基础、柱和托梁三部分组成，如图5-3所示。业主通过招标将20组钢筋混凝土支架的施工任务发包给某施工单位，并与其签订了施工合同，合同工期为190天。

在工程开工前，该承包单位向项目监理机构提交了施工方案及施工进度计划。

①施工方案：

施工流向：从第 1 组支架依次流向第 20 组支架。

劳动组织：基础、柱和托梁分别组织混合工种专业工作队。

技术间歇：柱混凝土浇筑后需养护 20 天方能进行托梁施工。

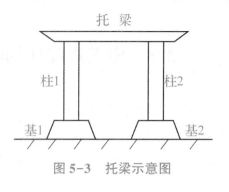

图 5-3　托梁示意图

物资供应：脚手架、模板、机具及商品混凝土等均按施工进度要求调度配合。

②施工进度计划如图 5-4 所示，（时间单位为天）。

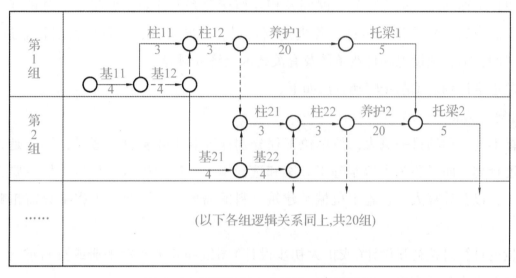

图 5-4　钢筋混凝土支架施工进度计划

试分析该施工进度计划，并判断监理工程师是否应批准施工禁止计划。

【解】由施工方案及图 5-4 所示施工进度计划可以看出，为了缩短工期，承包单位将 20 组支架的施工按流水作业进行组织。

①任意相邻两组支架开工时间的差值等于两个柱基础的持续时间，即：4+4=8 天。

②每一组支架的计划施工时间为：4+4+3+20+5=36 天。

③20 组钢筋混凝土支架的计划总工期为：（20-1）×8+36=188 天。

④20 组钢筋混凝土支架施工进度计划中的关键工作是所有支架的基础工程及第 20 组支架的柱 2、养护和托梁。

⑤由于施工进度计划中各项工作逻辑关系合理，符合施工工艺及施工组织要求，较好地采用了流水作业方式，且计划总工期未超过合同工期，故监理工程师应批准该施工进度计划。

5.3.3 施工进度计划的编制

施工进度计划是表示各项工程(单位工程、分部工程或分项工程)的施工顺序、开始和结束时间以及相互衔接关系的计划。它既是承包单位进行现场施工管理的核心指导文件,也是监理工程师实施进度控制的依据。施工进度计划通常是按工程对象编制的。

1. 施工总进度计划的编制

施工总进度计划一般是建设工程项目的施工进度计划。它是用来确定建设工程项目中所包含的各单位工程的施工顺序、施工时间及相互衔接关系的计划。编制施工总进度计划的依据有:施工总方案、资源供应条件、各类定额资料、合同文件、工程项目建设总进度计划、工程动用时间目标、建设地区自然条件及有关技术经济资料等。

施工总进度计划的编制步骤和方法如下。

(1)计算工程量

根据批准的工程项目一览表,按单位工程分别计算其主要实物工程量,不仅是为了编制施工总进度计划,而且还为了编制施工方案和选择施工、运输机械,初步规划主要施工过程的流水施工,以及计算人工、施工机械及建筑材料的需要量。因此,工程量只需粗略地计算即可。

工程量的计算可按初步设计(或扩大初步设计)图纸和有关额定手册或资料进行。常用的定额、资料有以下几个方面。

①每万元、每10万元投资工程量、劳动量及材料消耗扩大指标。

②概算指标和扩大结构定额。

③已建成的类似建筑物、构筑物的资料。

对于工业建设工程来说,计算出的工程量应填入工程量汇总表(见表5-2)。

表5-2 工程量汇总表

序号	工程量名称	单位	合计	生产车间			仓库运输			管网				生活福利		大型临设		备注
				××车间	……	……	仓库	铁路	公路	供电	供水	排水	供热	宿舍	文化福利	生产	生活	

(2)确定各单位工程的施工期限

各单位工程的施工期限应根据合同工期确定,同时还要考虑建筑类型、结构特征、施工方法、施工管理水平、施工机械化程度及施工现场条件等因素。如果在编制施工总进度计划时没有合同工期，则应保证计划工期不超过工期总额。

（3）确定各单位工程的开竣工时间和相互搭接关系

确定各单位工程的开竣工时间和相互搭接关系，主要应考虑以下几点。

①同一时期施工的项目不宜过多，以避免人力、物力过于分散。

②尽量做到均衡施工，以使劳动力、施工机械和主要材料的供应在整个工期范围内达到均衡。

③尽量提前建设可供工程施工实用的永久性工程，以节省临时工程费用。

④急需和关键的工程先施工，以保证工程项目如期交工。对于某些技术复杂、施工周期较长、施工困难较多的工程，亦应安排提前施工，以利于整个工程项目按期交付使用。

⑤施工顺序必须与主要生产系统投入生产的先后次序相吻合。同时还要安排好配套工程的施工时间，以保证建成的工程能迅速投入生产或交付使用。

⑥应注意季节对施工顺序的影响，使施工季节不导致工期拖延，不影响工程质量。

⑦安排一部分附属工程或零星项目作为后备项目，用以调整主要项目的施工进度。

⑧注意主要工种和主要施工机械能连续施工。

（4）编制初步施工总进度计划

施工总进度计划应安排全工地性的流水作业。全工地性的流水作业安排应以工程量大、工期长的单位工程为主导，组织若干条流水线，并以此带动其他工程。

施工总进度计划既可以用横道图表示，也可以用网络图表示。如果用横道图表示，则常用的格式（见表5-3）。由于采用网络计划技术控制工程进度更加有效，所以人们更多地开始采用网络图来表示施工总进度计划。特别是电子计算机的广泛应用，为网络计划技术的推广和普及创造了更加有利的条件。

表5-3 施工总进度计划表

序号	单位工程名称	建筑面积（m²）	结构类型	工程造价（万元）	施工时间（月）	施工进度计划										
						第一年				第二年				第三年		
						I	II	III	IV	I	II	III	IV	I	II	…

（5）编制正式施工总进度计划

初步施工总进度计划编制完成后，要对其进行检查。主要是检查总工期是否符合要求，资源使用是否均衡且其供应是否能得到保证。如果出现问题，则应进行调整。调整的主要方法是改变某些工程的起止时间或调整主导工程的工期。如果是网络计划，则可以利用电子计算机分别进行工期优化、费用优化及资源优化。当初步施工总进度计划经过调整符合要求后，即可编制正式的施工总进度计划。

正式的施工总进度计划确定后，应据已编制劳动力、材料、大型施工机械等资源的需用量计划，组织供应，保证施工总进度计划的实现。

2. 单位工程施工进度计划的编制

单位工程施工进度计划是在既定施工方案的基础上，根据规定的工期和各种资源供应条件，对单位工程中的各分项工程的施工顺序、施工起止时间及衔接关系进行合理安排的计划。

（1）单位工程施工进度计划的编制程序

单位工程施工进度计划的编制程序如图5-5所示。

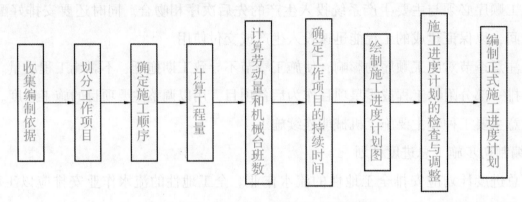

图5-5 单位工程施工进度计划编制程序

（2）单位工程施工进度计划的编制方法

①划分工作项目。工作项目是包括一定工作内容的施工过程，它是施工进度计划的基本组成单元。工作项目内容的多少，划分的粗细程度，应该根据计划的需要来决定。对于大型建设工程，经常需要编制控制性施工进度计划，此时工作项目可以划分得粗一些，一般只明确到分部工程即可。例如，在装配式单层厂房控制性施工进度计划中，只列出土方工程、基础工程、预制工程、安装工程等各分部工程项目。如果编制实施性施工进度计划，工作项目就应划分得细一些。在一般情况下，单位工程施工进度计划中的工作项目应明确到分项工程或更具体，以满足指导施工作业、控制施工进度的要求。例如，在装配式单层厂房实施性施工进度计划中，应将基础工程进一步划分为挖基础、做垫层、砌基础、回填土等分项工程。

由于单位工程中的工作项目较多，应在熟悉施工图纸的基础上，根据建筑结构特点及已确定的施工方案，按施工顺序逐项列出，以防止漏项或重项。凡是与工程施工直接有关系的内容均应列入计划，而不属于直接施工的辅助性项目和服务性项目则不必列入。例如，在多层混合结构住宅建筑工程施工进度计划中，应将主体工程中的搭脚手架，砌砖墙、现浇圈梁、大梁及板混凝土，安装预制楼板和灌缝等施工过程列入。而完成主体工程中的运转、砂浆机混凝土，搅拌混凝土和砂浆，以及楼板的预制和运输等项目，既不是在建筑物上直接完成，也不占用工期，则不必列入计划之中。

另外，有些分项工程在施工顺序上和时间安排上是相互穿插进行的，或者是由同一专业施工队完成的，为了简化进度计划的内容，应尽量将这些项目合并，以突出重点。例如，防潮层施工可以合并在砌筑基础项目内，安装门窗框可以并入砌墙工程。

②确定施工顺序。确定施工顺序是为了按照施工的技术规律和合理的组织关系，解决各工作项目之间在时间上的先后和搭接问题，以达到保证质量、安全施工、充分利用空间、争取时间、实现合理安排工期的目的。

一般说来，施工顺序受施工工艺和施工组织两方面的制约。当施工方案确定之后，工作项目之间的工艺关系也就随之确定。如果违背这种关系，将不可能施工，或者导致工程质量事故和安全事故的出现，或者造成返工浪费。

工作项目之间的组织关系是由于劳动力、施工机械、材料和构配件等资源的组织和安排需要而形成的。它不是由工程本身决定的，而是一种人为的关系。组织方式不同，组织关系也就不同。不同的组织关系会产生不同的经济效果，应通过调整组织关系，并将工艺关系和组织关系有机地结合起来，形成工作项目之间的合理顺序关系。

【知识链接】

1. 工艺关系

生产性工作之间由工艺过程决定的、非生产性工作之间由工作程序决定的先后顺序关系称为工艺关系。

2. 组织关系

工作之间由于组织安排需要或资源(劳动力、原材料、施工机具等)调配需要而规定的先后顺序关系称为组织关系。

不同的工程项目，其施工顺序不同。即使是同一类项目，其施工顺序也难以做到完全相同。因此，在确定施工顺序时，必须根据工程的特点、技术组织要求以及施工方案等进行研究，不能拘泥于某种固定的顺序。

③计算工程量。工程量的计算应根据施工图和工程量计算规则，针对所划分的每一个工作项目进行。当编制施工进度计划时已有预算文件，且工作项目的划分与施工进度计划一致时，可以直接套用预算的工程量，不必重新计算。若某些项目有出入，但出入不大时，应结合工程的实际情况进行某些必要的调整。计算工程量时应注意以下问题。

a. 工程量的计算单位应与现行定额手册中所规定的计量单位一致，以便计算劳动力、材料和机械数量时直接套用定额，而不必进行换算。

b. 要结合具体的施工方法和安全技术要求计算工程量。例如，计算柱基土方工程量时，应根据所采用的施工方法(单独基坑开挖、基槽开挖还是大开挖)和边坡稳定要求(放边坡还是加支撑)进行计算。

c. 应结合施工组织的要求,按已划分的施工段分层分段进行计算。

④计算劳动量和机械台班数。当某工作项目是由若干个分项工程合并而成时,则应分别根据各分项工程的时间定额(或产量定额)及工程量,按公式(5-1)计算出合并后的综合时间定额(或综合产量定额)。

$$H = \frac{Q_1H_1 + Q_2H_2 + \cdots + Q_iH_i + \cdots + Q_nH_n}{Q_1 + Q_2 + \cdots + Q_i + \cdots + Q_n} \tag{5-1}$$

式中　H——综合时间定额(工日/m³,工日/m²,工日/t……)。

　　　Q_i——工作项目中第 i 个分项工程的工程量。

　　　H_i——工作项目中第 i 个分项工程的时间定额。

根据工作项目的工程量和所采用的定额,即可按公式(5-2)或公式(5-3)计算出各工作项目所需要的劳动量和机械台班数。

$$P = Q \cdot H \tag{5-2}$$

或　　　　　　　　　　$P = Q/S \tag{5-3}$

式中　P——工作项目所需要的劳动量(工日)或机械台班数(台班)。

　　　Q——工作项目的工程量(m³,m²,t……)。

　　　S——工作项目所采用的人工产量定额(m³/工日,m²/工日,t/工日……)或机械台班产量定额(m³/台班,m²/台班,t/台班……)。

其他符号同上。

零星项目所需要的劳动量可结合实际情况,根据承包单位的经验进行估算。

由于水暖电卫等工程通常由专业施工单位施工,因此,在编制施工进度计划时,不计算其劳动量和机械台数,仅安排其与土建施工相配合的进度。

⑤确定工作项目的持续时间。根据工作项目所需要的劳动量或机械台班数,以及该工作项目每天安排的工人数或配备的机械台数,即可按公式(5-4)计算出各工作项目的持续时间。

$$D = \frac{P}{R \cdot B} \tag{5-4}$$

式中　D——完成工作项目所需要的时间,即持续时间(d)。

　　　R——每班安排的工人数或施工机械台数。

　　　B——每天工作班数。

其他符号同前。

在安排每班工人数和机械台数时,应综合考虑以下问题。

a. 要保证各个工作项目上工人班组中每一个工人拥有足够的工作面(不能少于最小工作面),以发挥高效率并保证施工安全。

b. 要使各个工作项目上的工人数量不低于正常施工时所必需的最低限度(不能小于最小劳

动组合），以达到最高的劳动生产率。

由此可见，最小工作面限定了每班安排人数的上限，而最小劳动组合限定了每班安排人数的下限。对于施工机械台数的确定也是如此。

每天的工作班数应根据工作项目施工的技术要求和组织要求来确定。例如浇筑大体积混凝土，要求不留施工缝连续浇筑时，就必须根据混凝土工程量决定采用双班制或三班制。

以上是根据安排的工人数和配备的机械台班数来确定工作项目的持续时间。但有时根据组织要求（如组织流水施工时），需要采用倒排的方式来安排进度，即先确定各工作项目的持续时间，然后以此来确定所需要的工人数和机械台数。此时，需要把公式（5-4）变换成公式（5-5）。利用该公式即可确定各工作项目所需要的工人数和机械台班数。

$$R = \frac{P}{D \cdot B} \tag{5-5}$$

如果根据上式求得的工人数或机械台班数已超过承包单位现有的人力、物力，除了寻求其他途径增加人力、物力外，承包单位应从技术上和施工组织上采取积极措施加以解决。

⑥绘制施工进度计划图。绘制施工进度计划图，首先应选择施工进度计划的表达形式。目前，常用来表达建设工程施工进度计划的方法有横道图和网络图2种形式。横道图比较简单，而且非常直观，多年来被人们广泛地用于表达施工进度计划，并以此作为控制工程进度的主要依据。

但是，采用横道图控制工程进度具有一定的局限性。随着计算机的广泛应用，网络计划技术日益受到人们的青睐。

【技术提示】

横道图

优点：形象、直观，且易于编制和理解。

缺点：a. 不能明确地反映出各项工作之间错综复杂的相互关系，因而在计划执行过程中，当某些工作的进度由于某种原因提前或拖延时，不便于分析其对其他工作及总工期的影响程度，不利于建设工程进度的动态控制；b. 不能明确地反映出影响工期的关键工作和关键线路，也就无法反映出整个工程项目的关键所在，因而不便于进度控制人员抓住主要矛盾；c. 不能反映出工作所具有的机动时间，看不到计划的潜力所在，无法进行最合理的组织和指挥；d. 不能反映工程费用与工期之间的关系，因而不便于缩短工期和降低工程成本。

双代网络图

优点：a. 能够明确表达各项工作之间的逻辑关系；b. 通过时间参数的计算，可以找出关键线路和关键工作；c. 通过计算，可以明确各项工作的机动时间；d. 可以利用电子计算机进行计算、优化和调整。

缺点：不像横道计划那么直观明了。

图5-6为现浇框架结构标准层施工网络计划。标准层有柱、抗震墙、电梯井、楼梯、梁、楼板及暗管铺设等工作项目，其中柱和抗震墙是先绑扎钢筋，再支模板；电梯井是先支内模板，再绑扎钢筋，然后再支外模板；楼梯、梁和楼板则是先支模板，再绑扎钢筋。

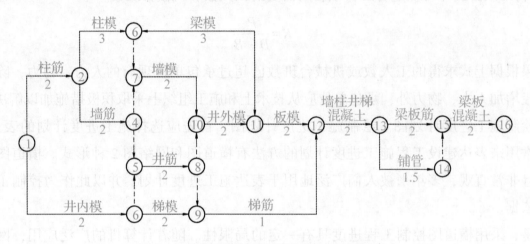

图5-6　现浇框架结构标准层施工网络计划

⑦施工进度计划的检查与调整。当施工进度计划初始方案编制好后，需要对其进行检查与调整，以便使进度计划更加合理，进度计划检查的主要内容包括以下几个方面。

a. 各工作项目的施工顺序、平行搭接和技术间歇是否合理。

b. 总工期是否满足合同规定。

c. 主要工种的工人是否能满足连续、均衡施工的要求。

d. 主要机具、材料等的利用是否均衡和充分。

在上述4个方面中，首要的是前两个方面的检查，如果不满足要求，必须进行调整。只有在前两个方面均达到要求的前提下，才能进行后两个方面的检查与调整。前者是解决可行与否的问题，而后者则是优化的问题。

进度计划的初始方案若是网络计划，则可以利用第三章所述的方法分别进行工期优化、费用优化及资源优化。待优化结束后，还可将优化后的方案用时标网络计划表达出来，以便于有关人员更直观地了解进度计划。

5.3.4　工程延期

如前所述，在建设工程施工过程中，其工期的延长分为工程延误和工程延期两种。虽然他们都是使工程拖期，但由于性质不同，因而业主与承包单位所承担的责任也就不同。如果是属于工程延误，则由此造成的一切损失由承包单位承担。同时，业主还有权对承包单位施行误期违约罚款。而如果是属于工程延期，则承包单位不仅有权要求延长工期，而且还有权向业主提出赔偿费用的要求以弥补由此造成的额外损失。因此，监理工程师是否将施工过程中工期的延长批准为工程延期，对业主和承包单位都十分重要。

1. 工程延期的申报与审批

（1）申报工程延期的条件

由于以下原因导致工程拖期，承包单位有权提出延长工期的申请，监理工程师应按合同规定，批准工程延期时间。

①监理工程师发出工程变更指令而导致工程量增加。

②合同所涉及的任何可能造成工程延期的原因，如延期交图、工程暂停、对合格工程的剥离检查及不利的外界条件等。

③异常恶劣的气候条件。

④由业主造成的任何延误、干扰或障碍，如未及时提供施工场地、未及时付款等。

⑤除承包单位自身以外的其他任何原因。

（2）工程延期的审批程序

工程延期的审批程序如图 5-7 所示。当工程延期事件发生后，承包单位应在合同规定的有效期内以书面形式通知监理工程师（即《工程延期意向通知》），以便于监理工程师尽早了解所发生的事件，及时作出一些减少延期损失的决定。随后，承包单位应在合同规定的有效期内（或监理工程师可能同意的合理期限内）向监理工程师提交详细的申请（延期理由及依据）。监理工程师收到该报告后应及时调查核实，准确地确定出工程延期的时间。

当延期事件具有持续性，承包单位在合同规定的有效期内不能提交最终详细的申述报告时，应先向监理工程师提交阶段性的详情报告。监理工程师应在调查核实阶段性报告的基础上，尽快作出延长工期的临时决定。临时决定的延期时间不宜太长，一般不超过最终批准的延期时间。

待延期事件结束后，承包单位应在合同规定的期限内向监理工程师提交最终的详情报告。监理工程师应复查详情报告的全部内容，然后确定该延期事件所需要的延期时间。

如果遇到比较复杂的延期事件，监理工程师可以成立专门小组进行处理。对于一时难以作出结论的延期事件，即使不属于持续性的事件，也可以采用先作出临时延期的决定，然后

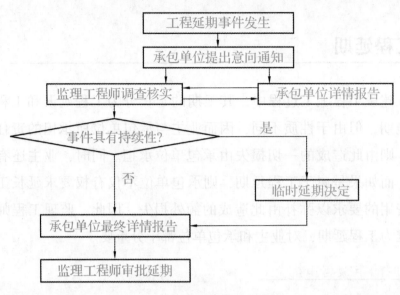

图 5-7 工程延期的审批程序

再作出最后决定的办法。这样既可以保证有充足的时间处理延期事件，又可以避免由于处理不及时而造成的损失。

监理工程师在作出临时工程延期批准或最终工程延期批准之前，均应与业主和承包单位进行协商。

（3）工程延期的审批原则

监理工程师在审批工程延期时应遵循下列原则。

①合同条件。监理工程师批准的工程延期必须符合合同条件。也就是说，导致工期拖延的原因确实属于承包单位自身以外的，否则不能批准为工程延期。这是监理工程师审批工程延期的一条根本原则。

②影响工期。发生延期事件的工程部位，无论其是否处在施工进度计划的关键线路上，只有当所延长的时间超过其相应的总时差而影响到工期时，才能批准工程延期。如果延期事件发生在非关键线路上，且延长的时间并未超过总时差时，即使符合批准为工程延期的合同条件，也不能批准工程延期。

应当说明，建设工程施工进度计划中的关键线路并非固定不变，它会随着工程的进展和情况的变化而转移。监理工程师应以承包单位提交的、经自己审核后的施工进度计划（不断调整后）为依据来决定是否批准工程延期。

③实际情况。批准的工程延期必须符合实际情况。为此，承包单位对延期事件发生后的各类有关细节进行详细记载，并及时向监理工程师提交详细报告。与此同时，监理工程师也应对施工现场进行考察和分析，并做好有关记录，以便为合理确定工程延期时间提供可靠依据。

【例 5-2】某建设工程业主与监理单位、施工单位分别签订了监理委托合同和施工合同，合同工期为 18 个月。在工程开工前，施工承包单位在合同约定的时间内向监理工程师提交了施工总进度计划(图 5-8)。

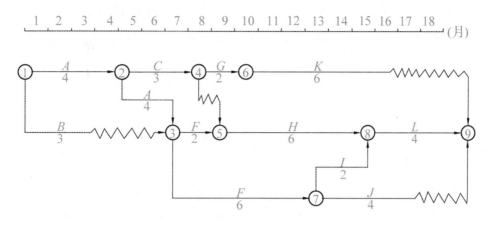

图 5-8 某工程施工总进度计划

该计划经监理工程师批准后开始实施，在施工过程中发生以下事件。

①因业主要求需要修改设计，致使工作 K 停工等待图纸 3.5 个月。

②部分施工机械由于运输原因未能按时进场，致使工作 H 的实际进度拖后 1 个月。

③由于施工工艺不符合施工规范要求，发生质量事故而返工，致使工作 F 的实际进度拖后 2 个月。

承包单位在合同规定的有效期内提出工期延长 3.5 个月的要求，监理工程师应批准工程延期多少时间？为什么？

【解】由于工作 H 和工作 F 的实际进度拖后均属于承包单位自身原因，只有工作 K 的拖后可以考虑给予工程延期。从图 5-8 可知，工作 K 原有总时差为 3 个月，该工作停工等待图纸 3.5 个月，只影响工期 0.5 个月，故监理工程师应批准工程延期 0.5 个月。

2. 工程延期的控制

发生工程延期事件，不仅影响工程的进展，而且会给业主带来损失。因此，监理工程师应做好以下工作，以减少或避免工程延期事件的发生。

(1)只有满足开工条件才能签发开工令

监理工程师在签发工程开工令之前，应充分考虑业主的前期准备工作是否充分。特别是征地、拆迁问题是否已解决，设计图纸能否及时提供，以及付款方面有无问题等，以避免由于上述问题缺乏准备而造成的工程延期。

(2)提醒业主履行施工承包合同中所规定的职责

在施工过程中，监理工程师应经常提醒业主履行自己的职责，提前做好施工场地及设计图纸的提供工作，并能及时支付工程进度款，以减少或避免由此而造成的工程延期。

（3）妥善处理工程延期事件

当延期事件发生以后，监理工程师应根据合同规定进行妥善处理。既要尽量减少工程延期时间及其损失，又要在详细调查研究的基础上合理批准工程延期时间。

此外，业主在施工过程中应尽量减少干预、多协调，以避免由于业主的干扰和阻碍而导致延期事件的发生。

3. 工程延误的处理

如果由于承包单位自身的原因造成工期拖延，而承包单位又未按照监理工程师的指令改变延期状态时，通常可以采用下列手段进行处理。

（1）拒绝签署付款凭证

当承包单位的施工活动不能使监理工程师满意时，监理工程师有权拒绝承包单位的付款申请。因此，当承包单位的施工进度拖后且又不采取积极措施时，监理工程师可以采取拒绝签署付款凭证的手段制约承包单位。

（2）误期损失赔偿

拒绝签署付款凭证一般是监理工程师在施工过程中制约承包单位延误工期的手段，而误期损失赔偿则是当承包单位未能按合同规定的工期完成合同范围内的工作时对其的处罚。如果承包单位未能按合同规定的工期和条件完成整个工程，则应向业主支付投标书附件中规定的金额，作为该项违约的损失赔偿费。

（3）取消承包资格

如果承包单位严重违反合同，又不采取补救措施，则业主为了保证合同工期有权取消其承包资格。例如，承包单位接到监理工程师的开工通知后，无正当理由推迟开工时间，或在施工过程中无任何理由要求延长工期，施工进度缓慢，又无视监理工程师的书面警告等，都有可能受到取消承包资格的处罚。

取消承包资格是对承包单位违约的严厉制裁。因为业主一旦取消了承包单位的承包资格，承包单位不但要被驱逐出施工现场，而且还要承担由此而造成的业主的损失费用。这种惩罚措施一般不轻易采用，而且在作出这项决定前，业主必须事先通知承包单位，并要求其在规定的期限内作好辩护准备。

5.4 建设工程进度计划实施中的监测与调整方法

确定建设工程进度目标，编制一个科学、合理的进度计划是监理工程师实现进度控制的首要前提。但是在工程项目实施过程中，由于外部环境和条件的变化，进度计划的编制者很难事先对项目在实施过程中可能出现的问题进行全面的估计。气候的变化、不可预见事件的发生，以及其他条件的变化均会对工程进度计划的实施产生影响，从而造成实际进度偏离计划进度。如果实际进度与计划进度的偏差得不到及时纠正，势必影响总进度目标的实现。为此，在进度计划的执行过程中，必须采取有效的监测手段对进度计划的实施过程进行监控，以便及时发现问题，并运用行之有效的进度调整方法来解决问题。

5.4.1 进度监测的系统过程

在建设工程实施过程中，监理工程师应经常地、定期地对进度计划的执行情况进行跟踪检查，发现问题后及时采取措施加以解决。进度监测系统过程如图5-9所示。

1. 进度计划执行中的跟踪检查

对进度计划的执行情况进行跟踪检查是计划执行信息的主要来源，是进度分析和调整的依据，也是进度控制的关键步骤。跟踪检查的主要工作是定期收集反映工程实际进度的有关数据，收集的数据应当全面、真实、可靠。为了全面、准确地掌握进度计划的执行情况，监理工程师应认真做好以下3个方面的工作。

（1）定期收集进度报表资料

（2）现场实地检查工程进展情况

（3）定期召开现场会议

一般来说，进度控制的效果与收集数据资料的时间间隔有关。究竟多长时间进行一次进度检查，这是监理工程师应当确定的问题。进行检查的时间间隔与工程项目类型、规模、监理对象及有关条件等多方面因素有关，可视工程的具体情况，每月、每半月或每周进行一次检查。在特殊情况下，甚至需要每日进行一次进度检查。

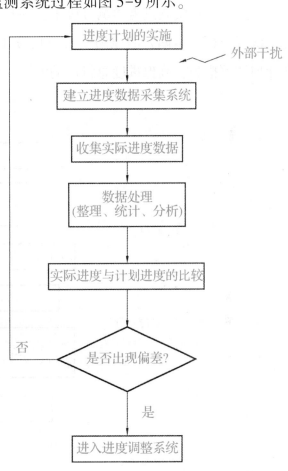

图5-9 建设工程进度监测系统过程

2. 实际进度数据的加工处理

为了进行实际进度与计划进度的比较，必须对收集到的实际进度数据进行加工处理，形成与计划进度具有可比性的数据。例如，对检查时段实际完成工作量的进度数据进行整理、统计和分析，确定本期累计完成的工作量、本期已完成的工作量占计划总工作量的百分比等。

3. 实际进度与计划进度的对比分析

将实际进度数据与计划进度数据进行比较，可以确定建设工程实际执行状况与计划目标之间的差距。为了直观地反映实际进度偏差，通常采用表格或图形进行实际进度与计划进度的对比分析，从而得出实际进度比计划进度超前、滞后还是一致的结论。

5.4.2 进度调整的系统过程

在建设工程实施进度检测过程中，一旦发现实际进度偏离计划进度，即出现进度偏差时，必须认真分析产生偏差的原因及其对后续工作和总工期的影响，必要时采取合理、有效的进度计划调整措施，确保进度总目标的实现。进度调整的系统过程如图 5-10 所示。

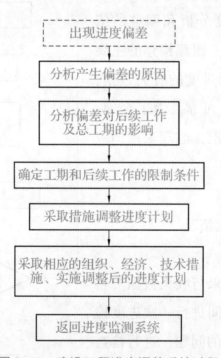

图 5-10 建设工程进度调整系统过程

1. 分析进度偏差产生的原因

通过实际进度与计划进度比较，发现进度偏差时，为了采取有效措施调整进度计划，必须深入现场进行调查，分析产生进度偏差的原因。

2. 分析进度偏差对后续工作和总工期的影响

当查明进度偏差产生的原因之后，要分析进度偏差对后续工作和总工期的影响程度，以确定是否应采取措施调整进度计划。

3. 确定后续工作和总工期的限制条件

当出现的进度偏差影响到后续工作或总工期而需要采取进度调整措施时，应当首先确定可调整进度的范围，主要指关键节点、后续工作的限制条件以及总工期允许变化范围。这些限制条件往往与合同条件有关，需要认真分析后确定。

4. 采取措施调整进度计划

采取调整进度措施，应以后续工作和总工期的限制条件为依据，确保要求进度目标得到实现。

5. 实施调整后的进度计划

进度计划调整之后，应采取相应的组织、经济、技术措施去执行，并继续监测其执行情况。

5.4.3　实际与计划进度的比较方法

实际进度与计划进度的比较是建设工程进度监测的主要环节。常用的进度比较方法有横道图、S曲线、香蕉曲线、前锋线和列表比较法。

1. 横道图比较法

横道图比较法是指将项目实施过程中检查实际进度收集到的数据，经加工整理后直接用横道线平行绘于原计划的横道线处，进行实际进度与计划进度的比较方法。采用横道图比较法，可以形象、直观地反映实际进度与计划进度的比较情况。

例如，某工程项目基础工程的计划进度和截至第9周末的实际进度如图5-11所示，其中双线条表示该工程计划进度，粗实线表示实际进度。从图中实际进度与计划进度的比较可以看出，到第9周末进行实际进度检查时，挖土方和做垫层两项工作已经完成。支模版按计划也应该完成，但实际只完成75%，任务量拖欠25%。绑扎钢筋按计划应该完成60%，而实际只完成20%，任务量拖欠40%。

根据各项工作的进度偏差，进度控制者可以采取相应的纠偏措施对进度计划进行调整，以确保该工程按期完成。

图5-11所表达的比较方法仅适用于工程项目中的各项工作都是均匀进展的情况，即每项工作在单位时间内完成的任务量都相等的情况。事实上，工程项目中各项工作的进展不一定是匀速的。根据工程项目中各项工作的进展是否匀速，可分别采用以下两种方法进行实际进度与计划进度的比较。

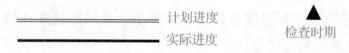

工作名称	持续时间	进度计划（周）														
		1	2	3	4	5	6	7	8	9	10	11	12	13	14	15	16
挖土方	6															
做垫层	3															
支模板	4															
绑钢筋	5															
混凝土	4															
回填土	5															

计划进度
实际进度
检查时期

图 5-11 某基础工程实际进度与计划进度比较图

（1）匀速进展横道图比较法

匀速进展是指在工程项目中，每项工作在单位时间内完成的任务量都是相等的，即工作的进展速度是均匀的。此时，每项工作累计完成的任务量与时间呈线性关系，如图 5-12 所示。完成的任务量可以用实物工程量、劳动消耗量或费用支出表示。为了便于比较，通常用上述物理量的百分比表示。

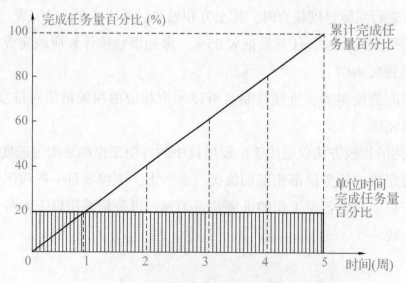

图 5-12 工作匀速进展时任务量与时间关系的曲线

采用匀速进展横道图比较法时，其步骤如下。

①编制横道图进度计划。

②在进度计划上标出检查日期。

③将检查收集的实际进度数据经加工整理后按比例用涂黑的粗线标于计划进度的下方，如图 5-13 所示。

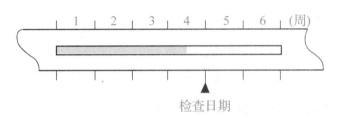

图 5-13　匀速进展横道图比较图

④对比分析实际进度与计划进度。

a. 如果涂黑的粗线右端落在检查日期左侧，表明实际进度拖后。

b. 如果涂黑的粗线右端落在检查日期的右侧，表明实际进度超前。

c. 如果涂黑的粗线右端与检查日期重合，表明实际进度与计划进度一致。

必须指出，该方法仅适用于工作从开始到结束的整个过程中，其进展速度均为固定不变的情况。如果工作的进展速度是变化的，则不能采用这种方法进行实际进度与计划进度的比较；否则，会得出错误的结论。

（2）非匀速进展横道图比较法

当工作在不同单位时间里进展速度不相等时，累计完成的任务量与时间的关系就不可能是线性关系。此时，应采用非匀速进展横道图比较法进行工作实际进度与计划进度的比较。

非匀速进展横道图比较法在用涂黑粗线表示工作实际进度的同时，还要标出其对应时刻完成任务量的累计百分比，并将该百分比与其同时刻计划完成任务量的累计百分比相比较，判断工作实际进度与计划进度之间的关系。

采用非匀速进展横道图比较法时，其步骤如下。

①编制横道图进度计划。

②在横道线上方标出各主要时间工作的计划完成任务量累计百分比。

③在横道线下方标出相应时间工作的实际完成任务量累计百分比。

④用涂黑粗线标出工作的实际进度，从开始之日标起，同时反映出该工作在实施过程中的连续与间断情况。

⑤通过比较同一时刻实际完成任务量累计百分比和计划完成任务量累计百分比，判断工作实际进度与计划进度之间的关系。

a. 如果同一时刻横道线上方累计百分比大于横道线下方累计百分比，表示实际进度拖后，拖欠的任务量为二者之差。

b. 如果同一时刻横道线上方累计百分比小于横道线下方累计百分比，表示实际进度超前，超前的任务量为二者之差。

c. 如果同一时刻横道线上下方两个累计百分比相等，表明实际进度与计划进度一致。

可以看出，由于工作进展速度是变化的，因此，在图中的横道线，无论是计划的还是实际的，只能表示工作的开始时间、完成时间和持续时间，并不表示计划完成的任务量和实际完成任务量。此外，采用非匀速进展横道图比较法，不仅可以进行某一时刻（如检查日期）实际进度与计划进度的比较，而且能进行某一时间段实际进度与计划进度的比较。当然，这需要实施部门按规定的时间记录当时的任务完成情况。

【例5-3】某工程项目中的基槽开挖工作按施工进度计划安排需要第7周完成，每周计划完成的任务量百分比如图5-14所示。

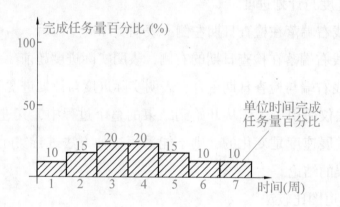

图5-14 基槽开挖工作进展时间与完成任务量关系图

①编制横道图进度计划，如图5-15所示。

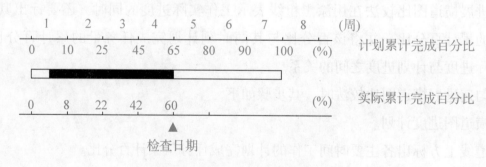

图5-15 非匀速进展横道图比较图

②在横道线上方标出基槽开挖工作每周计划累计完成任务量的百分比，分别为10%、25%、45%、65%、80%、90%和100%。

③在横道线下方标出第1周至检查日期（第4周）每周实际累计完成任务量的百分比，分别为8%、22%、42%、60%。

④用涂黑粗线标出实际投入的时间。图 5-15 表明，该工作实际开始时间晚于计划开始时间，在开始后连续工作，没有中断。

⑤比较实际进度计划进度。从图 5-15 中可以看出，该工作在第一周实际进度比计划进度拖后 2%，以后各周末累计拖后分别为 3%、3% 和 5%。

横道图比较法虽有记录和比较简单、形象直观、易于掌握、使用方便等优点，但由于其以横道计划为基础，因而带有不可克服的局限性。在横道计划中，各项工作之间的逻辑关系表达不明确，关键工作和关键线路无法确定。一旦某些工作实际进度出现偏差时，难以预测其对后续工作和工程总工期的影响，也就难以确定相应的进度计划调整方法。因此，横道图比较法主要用于工程项目中某些工作实际进度与计划进度的局部比较。

2. S 曲线比较法

S 曲线比较法是以横坐标表示时间，纵坐标表示累计完成任务量，绘制一条按计划时间累计完成任务量的 S 曲线；然后，将工程项目实施过程中各检查时间实际累计完成任务量的 S 曲线也绘制在同一坐标系中，进行实际进度与计划进度比较的一种方法。

从整个工程项目实际进展全过程看，单位时间投入的资源量一般是开始和结束时较少，中间阶段较多。与其相对应，单位时间完成的任务量也呈同样的变化规律，如图 5-16(a) 所示。而随工程进展累计完成的任务量则应呈 S 形变化，如图 5-16(b) 所示。由于其形似英文字母"S"，S 曲线因此而得名。

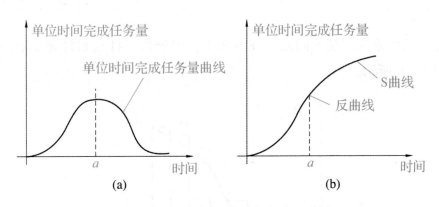

图 5-16 时间与完成任务量关系曲线

(1)S 曲线的绘制方法

下面以一简例说明 S 曲线的绘制方法。

【例 5-4】某混凝土工程的浇筑总量为 2 000m³，按照施工方案，计划 9 个月完成，每月计划完成的混凝土浇筑量如图 5-17 所示，试绘制该混凝土工程的计划 S 曲线。

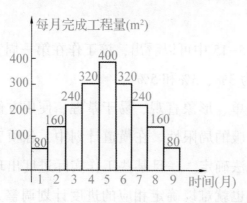

图 5-17　每月完成工程量图

【解】根据已知条件：

①确定单位时间计划完成任务量。在本例中，将每月计划完成混凝土浇筑量列于表 5-4 中。

②计算不同时间累计完成任务量。在本例中，依次计算每月计划累计完成的混凝土浇筑量，结果列于表 5-4 中。

表 5-4　完成工程量汇总表

时　间（月）	1	2	3	4	5	6	7	8	9
每月完成量（m^3）	80	160	240	320	400	320	240	160	80
累计完成量（m^3）	80	240	480	800	1200	1520	1760	1920	2000

③根据累计完成任务量绘制 S 曲线。在本例中，根据每月计划累计完成混凝土浇筑量而绘制的 S 曲线如图 5-18 所示。

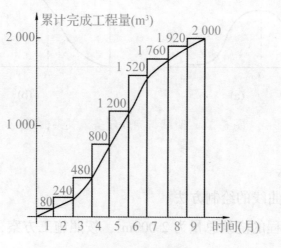

图 5-18　S 曲线图

（2）实际进度与计划进度的比较

同横道图比较法一样，S曲线比较法也是在图上进行工程项目实际进度与计划进度的直观比较。在工程项目实施过程中，按照规定时间将检查收集到的实际累计完成任务量绘制在原计划S曲线图上，即可得到实际进度S曲线，如图5-19所示。通过比较实际S曲线和计划进度S曲线，可以获得如下信息。

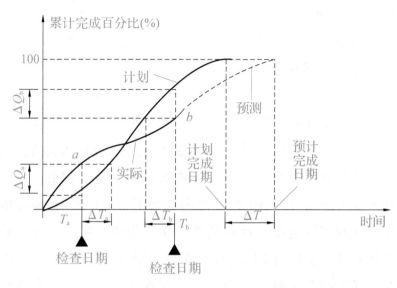

图5-19 S曲线比较图

①工程项目实际进展状况。如果工程实际进展点落在计划S曲线左侧，表明此时实际进度计划比计划进度超前，如图5-19中的a点；如果工程实际进展点落在计划S曲线右侧，表明此时实际进度拖后，如图5-19中的b点；如果工程实际进展点正好落在计划S曲线上，则表示此时实际进度与计划进度一致。

②工程项目实际进度超前或拖后的时间。在S曲线比较图中可以直接读出实际进度比计划进度超前或拖后的时间。如图5-19所示，ΔT_a表示T_a时刻实际进度超前的时间；ΔT_b表示T_b时刻实际进度拖后的时间。

③工程项目实际超额或拖欠的任务量。在S曲线比较图中也可以直接读出实际进度比计划进度超额或拖欠的任务量。如图5-19所示，ΔQ_a表示T_a时刻超额完成的任务量，ΔQ_b表示T_b时刻拖欠的任务量。

④后期工程进度预测。如果后期工程按原计划速度进行，则可做出后期工程计划S曲线如图5-19中虚线所示，从而可以确定工期拖延预测值ΔT。

3. 香蕉曲线比较法

香蕉曲线是由两条S曲线组合而成的闭合曲线。由S曲线比较法可知，工程项目累计完成的任务量与计划时间关系，可以用一条S曲线表示。对于一个工程项目网络计划来说，如果以其中各项工作的最早开始时间安排进度而绘制S曲线，称为ES曲线；如果以其中各项工作的最迟开始时间安排进度而绘制 S 曲线，称为 LS 曲线。两条 S 曲线具有相同的起点和终点，因此，两条曲线是闭合的。在一般情况下，ES 曲线上其余各点均落在 LS 曲线的相应点的左侧。由于该闭合曲线形似"香蕉"，故称为香蕉曲线，如图 5-20 所示。

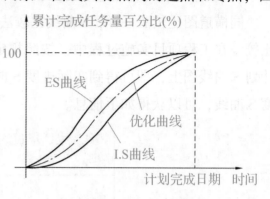

图 5-20　香蕉曲线比较图

（1）香蕉曲线比较法的作用

香蕉曲线比较法能直观地反映工程项目的实际进展情况，并可以获得比 S 曲线更多的信息。其主要作用有以下几点。

①合理安排工程项目进度计划。如果工程项目中的各项工作均按其最早开始时间安排进度，将导致项目的投资加大；而如果各项工作都按其最迟开始时间安排进度，则一旦受到进度影响因素的干扰，又将导致工期拖延，使工程进度风险加大。因此，一个科学、合理的进度计划优化曲线应处于香蕉曲线所包络的区域之内，如图 5-20 中的点画线所示。

②定期比较工程项目的实际进度与计划进度。在工程项目中的实施过程中，根据每次检查收集到的实际完成任务量，绘制出实际进度 S 曲线，便可以与计划进度进行比较。工程项目实施进度的理想状态是任意时刻工程实际进展点应落在香蕉曲线图的范围之内。如果工程实际进展点落在 ES 曲线的左侧，表明此刻实际进展比各项工作按其最早开始时间安排的计划进度超前；如果工程实际进展点落在 LS 曲线右侧，则表明此刻实际进度比各项工作按其最迟开始时间安排的计划进度拖后。

③预测后期工程进展趋势。利用香蕉曲线可以对后期工程的进展情况进行预测。例如在图 5-21 中，该工程项目在检查日实际进度超前。检查日期之后的后期工程进度安排如图中虚线所示，预计工程项目将提前完成。

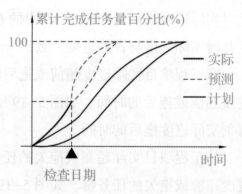

图 5-21　工程进展趋势预测图

（2）香蕉曲线绘制方法

香蕉曲线的绘制方法与 S 曲线的绘制方法基本相同，所不同之处在于香蕉曲线是以工作按最早开始时间安排进度和按最迟开始时间安排进度分别绘出的两条 S 曲线组合而成。其绘制步骤如下。

①以工程项目的网络计划为基础，计算各项工作的最早开始时间和最迟开始时间。

②确定各项工作在各单位时间的计划完成任务量。分别按以下两种情况考虑。

a. 根据各项工作按最早开始时间安排的进度计划，确定各项工作在各单位时间的计划完成任务量。

b. 根据各项工作按最迟开始时间安排的进度计划，确定各项工作在各单位时间的计划完成任务量。

③计算工程项目总任务量，即对所有工作在各单位时间计划完成的任务量累加求和。

④分别根据各项工作按最早开始时间、最迟开始时间安排进度计划，确定工程项目在各单位时间计划完成的任务量，即将各项工作在某一单位时间内计划完成的任务量求和。

⑤分别根据各项工作按最早开始时间、最迟开始时间安排进度计划，确定不同时间累计完成的任务量或任务量的百分比。

⑥绘制香蕉曲线。分别根据各项工作按最早开始时间、最迟开始时间安排的进度计划而确定的累计完成任务量或任务量的百分比描绘各点，并连接各点得到 ES 曲线和 LS 曲线，由 ES 曲线和 LS 曲线组成香蕉曲线。

在工程项目实施过程中，根据检查得到的实际累计完成任务量，按同样的方法在原计划香蕉曲线上绘出实际进度曲线，便可以进行实际进度与计划进度的比较。

【例 5-5】某工程项目网络计划如图 5-22 所示，图中箭线上方括号内数字表示各项工作计划完成的任务量，以劳动消耗量表示；箭线下方数字表示各项工作的持续时间（周）。试绘制香蕉曲线。

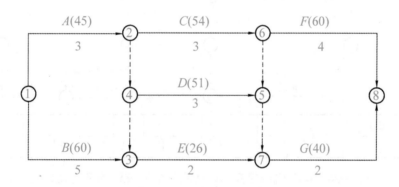

图 5-22　某工程项目网络计划

【解】假设各项工作均为匀速进展，即各项工作每周的劳动消耗量相等，即各项工作每周劳动消耗量相等。

①确定各项工作每周的劳动消耗量。

工作 A：$45 \div 3 = 15$　　　工作 B：$60 \div 5 = 12$

工作 C：$54 \div 3 = 18$　　　工作 D：$51 \div 3 = 17$

工作 E：$26 \div 2 = 13$　　　工作 F：$60 \div 4 = 15$

工作 G：$40 \div 2 = 20$

②计算工程项目劳动消耗总量 Q。

$$Q = 45 + 60 + 54 + 51 + 26 + 60 + 40 = 336$$

③根据各项工作按最早开始时间安排的进度计划，确定工程项目每周计划劳动消耗量及各周累计劳动消耗量，如图 5-23 所示。

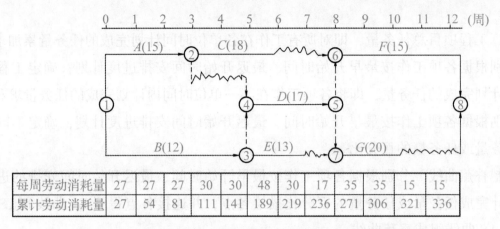

每周劳动消耗量	27	27	27	30	30	48	30	17	35	35	15	15
累计劳动消耗量	27	54	81	111	141	189	219	236	271	306	321	336

图 5-23   按工作最早开始时间安排的进度计划及劳动耗量

④根据各项工作按最迟开始时间安排的进度计划，确定工程项目每周计划劳动消耗量及各周累计劳动消耗量，如图 5-24 所示。

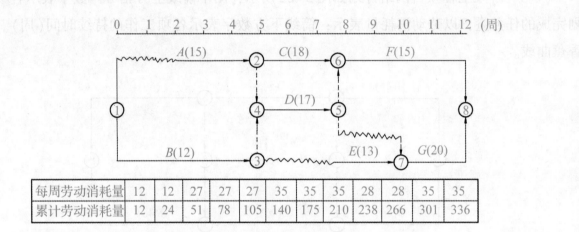

每周劳动消耗量	12	12	27	27	27	35	35	35	28	28	35	35
累计劳动消耗量	12	24	51	78	105	140	175	210	238	266	301	336

图 5-24   按工作最迟开始时间安排的进度计划及劳动耗量

⑤根据不同的累计劳动消耗量分别绘制 ES 曲线和 LS 曲线，便得到香蕉曲线，如图 5-25 所示。

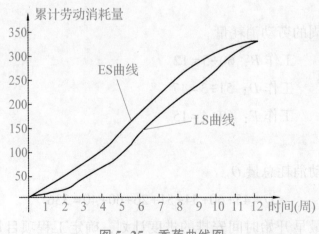

图 5-25   香蕉曲线图

4. 前锋线比较法

前锋线比较法是通过绘制某检查时刻工程项目实际进度前锋线，进行工程实际进度与计划进度比较的方法，它主要适用于时标网络计划。所谓前锋线，是指在原时标网络计划上，从检查时刻的时标点出发，用点划线依次将各项工作实际进展位置点连接而成的折线。前锋线比较法就是通过实际进度前锋线与原进度计划中各工作箭线交点的位置来判断工作实际进度与计划进度的偏差，进而判定该偏差对后续工作及总工期影响程度的一种方法。

采用前锋比较法进行实际进度与计划进度的比较，其步骤如下。

（1）绘制时标网络计划图

工程项目实际进度前锋线是在时标网络计划图上标示，为清楚计，可在时标网络计划图的上方和下方各设一时间坐标。

（2）绘制实际进度前锋线

一般从时标网络计划图上方时间坐标的检查日期开始绘制，依次连接相邻工作的实际进展位置点，最后与时标网络计划图下方坐标的检查日期相连接。

工作实际进展位置点的标定方法有两种。

①按该工作已完任务量比例进行标定。假设工程项目中各项工作均为匀速进展，根据实际进度检查时刻该工作已完任务量占其计划完成总任务量的比例，在工作箭线上从左至右按相同的比例标定其实际进展位置点。

②按尚需工作时间进行标定。当某些工作的持续时间难以按实物工程量来计算而只能凭经验估算时，可以先估算出检查时刻到该工作全部完成尚需作业的时间，然后在该工作箭线上从右向左逆向标定其实际进展位置点。

（3）进行实际进度与计划进度的比较

前锋线可以直观地反映出检查日期有关工作实际进度与计划进度之间的关系。对某项工作来说，其实际进度与计划进度之间的关系可能存在以下三种情况。

①工作实际进展位置点落在检查日期的左侧，表明该工作实际进度拖后，拖后的时间为二者之差。

②工作实际进展位置点与检查日期重合，表明该工作实际进度与计划进度一致。

③工作实际进展位置点落在检查日期的右侧，表明该工作实际进度超前，超前的时间为二者之差。

（4）预测进度偏差对后续工作及总工期的影响

通过实际进度与计划进度的比较确定进度偏差后，还可根据工作的自由时差和总时差预测该进度偏差对后续工作及项目总工期的影响。由此可见，前锋线比较法既适用于工作实际进度与计划进度之间的局部比较，又可用来分析和预测工程项目整体进度状况。

值得注意的是，以上比较是针对匀速进展工作。对于非匀速进展的工作，比较方法较复杂，此处不赘述。

【例 5-6】某工程项目时标网络计划如图 5-26 所示。该计划执行到第 6 周末检查实际进度时，发现工作 A 和 B 已经全部完成，工作 D、E 分别完成计划任务量的 20% 和 50%，工作 C 尚需 3 周完成，试用前锋线法进行实际进度与计划进度的比较。

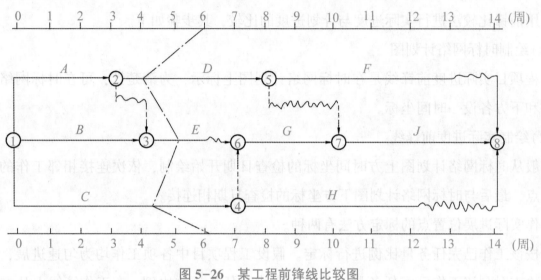

图 5-26 某工程前锋线比较图

【解】根据第 6 周末实际进度的检查结果绘制前锋线，如图 5-26 中点画线所示。通过比较可以看出。

①工作 D 实际进度拖后 2 周，将使其后续工作 F 的最早开始时间推迟 2 周，并使总工期延长 1 周。

②工作 E 实际进度拖后 1 周，既不影响总工期，也不影响其后续工作的正常进行。

③工作 C 实际进度拖后 2 周，将使其后续工作 G、H、J 的最早开始推迟 2 周。由于工作 G、J 开始时间的推迟，从而使总工期延长 2 周。

综上所述，如果不采取措施加快进度，该工程项目的总工期将延长 2 周。

5. 列表比较法

当工程进度计划用非时标网络图表示时，可以采用列表比较法进行实际进度与计划进度的比较。这种方法是记录检查日期应该进行的工作名称及其已经作业的时间，然后列表计算有关时间参数，并根据工作总时差进行实际进度与计划进度比较的方法。

采用列表比较法进行实际进度与计划进度的比较，其步骤如下。

①对于实际进度检查日期应该进行的工作，根据已经作业的时间，确定其尚需作业时间。

②根据原进度计划计算检查日期应该进行的工作从检查日期到原计划最迟完成时间尚余时间。

③计算工作尚有总时差，其值等于工作从检查日期到原计划最迟完成时间尚余时间与该工作尚需作业时间之差。

④比较实际进度与计划进度，可能有以下几种情况。

a. 如果工作尚有总时差与原有总时差相等，说明该工作实际进度与计划进度一致。

b. 如果工作尚有总时差大于原有总时差，说明该工作实际进度超前，超前的时间为二者之差。

c. 如果工作尚有总时差小于原有总时差，且仍为非负值，说明该工作实际进度拖后，拖后的时间为二者之差，但不影响总工期。

d. 如果工作上有总时差小于原有总时差，且为负值，说明该工作实际进度拖后，拖后的时间为二者之差，此时工作实际进度偏差将影响总工期。

【例5-7】某工程项目进度计划如图5-27所示。该计划执行到第10周末检查实际进度时，发现工作 A、B、C、D、E 已经全部完成，工作 F 已经进行1周，工作 G 和工作 H 均已进行2周，使用列表比较法进行实际进度与计划进度的比较。

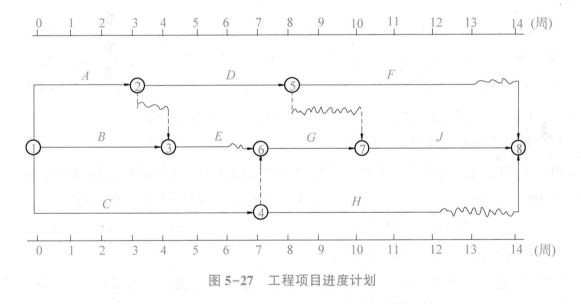

图 5-27　工程项目进度计划

【解】根据工程项目进度计划及实际进度检查结果，可以计算出检查日期应进行工作的尚需作业时间、原有总时差及尚有总时差等，计算结果见表5-5。通过比较尚有总时差和原有总时差，即可判断目前工程实际进展状况。

表 5-5　工程进度检查比较表

工作代号	工作名称	检查计划时尚需作业周数	到计划最迟完成时尚余周数	原有总时差	尚有总时差	情况判断
5~8	F	4	4	1	0	拖后 1 周，但不影响工期
6~7	G	1	0	0	-1	拖后 1 周，影响工期 1 周
4~8	H	3	4	2	1	拖后 1 周，但不影响工期

5.4.4　进度计划实施中的调整方法

1. 分析进度偏差对后续工作及总工期的影响

在工程项目实施过程中，当通过实际进度与计划的比较，发现有进度偏差时，需要分析该偏差对后续工作及总工期的影响，从而采取相应的调整措施对原进度计划进行调整，以确保工期目标的顺利实现。进度偏差的大小及其所处的位置不同，对后续工作和总工期的影响程度是不同的，分析时需要利用网络计划中工作总时差和自由时差的概念进行判断。分析步骤如下。

（1）分析出现进度偏差的工程是否为关键工作

如果出现进度偏差的工作位于关键线路上，即该工作为关键工作，则无论其偏差有多大，都将对后续工作和总工期产生影响，必须采取相应的调整措施；如果出现偏差的工作是非关键工作，则需要根据进度偏差值与总时差和自由时差的关系作进一步分析。

（2）分析进度偏差是否超过总时差

如果工作的进度偏差大于该工作的总时差，则此进度偏差必将影响其后续工作和总工期，必须采取相应的调整措施；至于对后续工作的影响程度，还需要根据进度偏差值与其总时差的关系作进一步分析。如果工作的进度偏差未超过该工作的总时差，则此进度偏差不影响总工期。

（3）分析进度偏差是否超时自由时差

如果工作的进度偏差大于该工作的自由时差，则此进度偏差将对其后续工作产生影响，必须采取相应的调整措施；至于对后续工作的影响程度，还需要根据进度偏差值与自由时差的关系作进一步分析。如果工作的进度偏差未超过该工作的自由时差，则此进度偏差不影响后续工作，因此，原进度计划可以不作调整。

进度偏差的分析判断过程如图 5-28 所示。通过分析，进度控制人员可以根据进度偏差的影响程度，制订相应的纠偏措施进行调整，以获得符合实际进度情况和计划目标的新进度计划。

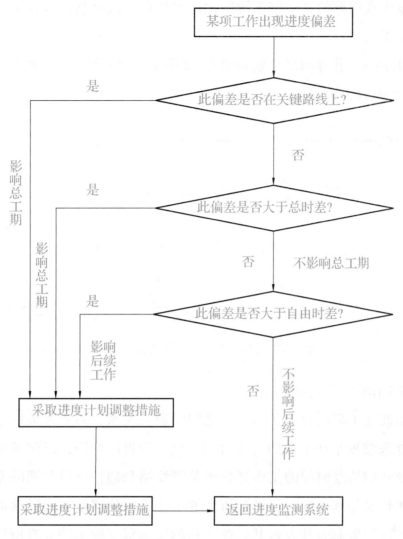

图 5-28　进度偏差对后续工作和总工期影响分析过程图

2. 进度计划的调整方法

当实际进度偏差影响到后续工作、总工期而需要调整进度计划时，其调整方法主要有2种。

（1）改变某些工作时间的逻辑关系

当工程项目实施中产生的进度偏差影响到总工期，且有关工作的逻辑关系允许改变时，可以改变关键线路和超过计划工期的非关键线路上的有关工作之间的逻辑关系，达到缩短工期的目的。例如，将顺序进行的工作改为平行作业、搭接作业以及分段组织流水作业等，都可以有效地缩短工期。

【例5-8】某工程项目基础工程包括挖基槽、作垫层、砌基础、回填土4个施工过程，各施工过程的持续时间分别为21天、15天、18天和9天，如果采取顺序作业方式进行施工，则其总工期为63天。为缩短该基础工程总工期，如果在工作面及资源供应允许的条件下，将基础工程划分为工程量大致相等的 3 个施工段组织流水作业，试绘制该基础工程流水作业网络计划，并确定其计算工期。

【解】该基础工程流水作业网络计划如图 5-29 所示。通过组织流水作业，使得该基础工程的计算工期由 63 天缩短为 35 天。

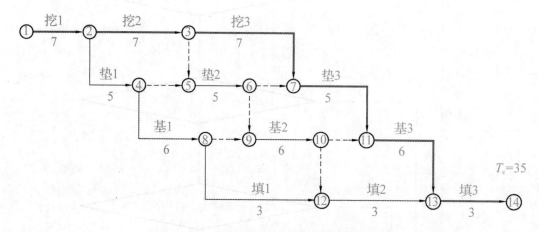

图 5-29 某基础工程流水施工网络计划

（2）缩短某些工作的持续时间

这种方法是不改变工程项目中各项工作之间的逻辑关系，而通过采取增加资源投入、提高劳动效率等措施来缩短某些工作的持续时间，使工程进度加快，以保证按计划工期完成该工程项目。这些破压缩持续时间的工作是位于关键线路和超过计划工期的非关键线路上的工作。同时，这些工作又是其持续时间可被压缩的工作。这种调整方法通常可以在网络图上直接进行。其调整方法视限制条件及对其后续工作的影响程度的不同而有所区别，一般可分为以下 3 种情况。

①网络计划中某项工作进度拖延的时间已超过其自由时差但未超过其总时差。此时该工作的实际进度不会影响总工期，而只对其后续工作产生影响。因此在进行调整前，需要确定其后续工作允许拖延的时间限制，并以此作为进度调整的限制条件。该限制条件的确定常常较复杂，尤其是当后续工作由多个平行的承包单位负责实施时更是如此。后续工作如不能按原计划进行，在时间上产生的任何变化都可能使合同不能正常履行，而导致蒙受损失的一方提出索赔。因此寻求合理的调整方案，把进度拖延对后续工作的影响减少到最低程度，是监理工程师的一项重要工作。

【例 5-9】某项工程项目双代号时标网络计划如图 5-30 所示，该计划执行到第 35 天下班时刻检查时，其实际进度如图中前锋线所示。试分析目前实际进度对其后续工作和总工期的影响，并提出相应的进度调整措施。

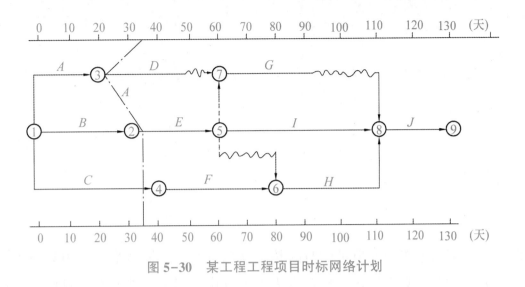

图 5-30　某工程工程项目时标网络计划

【解】从图中可以看出，目前只有工作 D 的开始时间拖后 15 天，而影响其后续工作 G 的最早开始时间，其他工作的实际进度均正常。由于工作 D 的总时差 30 天，故此时工作 D 的实际进度不影响总工期。

该进度计划是否需要调整，取决于工作 D 和 G 的限制条件。

若后续工作拖延的时间无限制，可将拖延后的时间参数带入原计划，并化简网络图（即去掉已执行部分，以进度检查日期为起点，将实际数据带入，绘制出未实施部分的进度计划），即可得调整方案。例如在本例中，以检查时刻第 35 天为起点，将工作 D 的实际进度数据及工作 G 被拖延后的时间参数带入原计划（此时工作 D、G 的开始时间分别为 35 天和 65 天），可得如图 5-31 所示的调整方案。

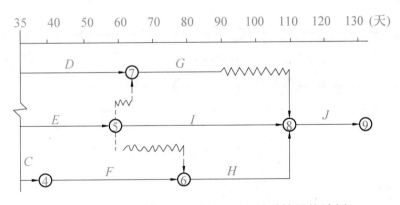

图 5-31　后续工作拖延时间无限制时的网络计划

若后续工作拖延的时间有限制，即后续工作不允许拖延或拖延的时间有限制时，需要根据限制条件对网络计划进行调整，寻求最优方案。例如在本例中，如果工作 G 的开始时间不允许超过 60 天，则只能将工作 D 的持续时间压缩为 25 天，调整后的网络计划如图 5-32 所示。如果在工作 D、G 之间还有多项工作，则可以利用工期优化的原理确定应压缩的工作，得到满足工作 G 限制条件的最优调整方案。

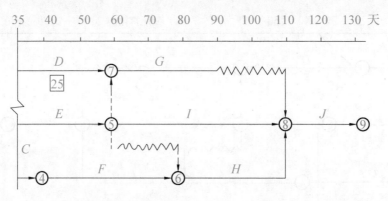

图 5-32　后续工作拖延时间有限制时的网络计划

②网络计划中某项工作进度拖延的时间超过其总时差。如果网络计划中某项工作进度拖延的时间超过其总时差，则无论该工作是否为关键工作，其实际进度都将对后续工作和总工期产生影响。此时，进度计划的调整方法又可分为以下 3 种情况。

a. 项目总工期不允许拖延。如果工程项目必须按照原计划工期完成，则只能采取缩短关键线路上后续工作持续时间的方法来达到调整计划的目的。

【例 5-10】以图 5-30 所示网络计划为例，如果在计划执行到第 40 天下班时刻检查时，其实际进度如图 5-33 中前锋线所示，试分析目前实际进度对后续工作和总工期的影响，并提出相应的进度调整措施。

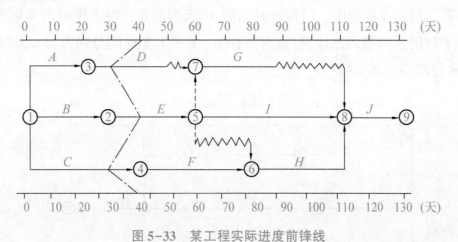

图 5-33　某工程实际进度前锋线

【解】从图中可看出：

工作 D 实际进度拖后 10 天，但不影响其后续工作，也不影响总工期；

工作 E 实际进度正常，既不影响后续工作，也不影响总工期；

工作 C 实际进度拖后 10 天，由于其为关键工作，故其实际进度将使总工期延长 10 天，并使其后续工作 F、H 和 J 的开始时间推迟 10 天。

如果该工程项目总工期不允许拖延，则为了保证其按原计划工期 130 天完成，必须采用工期优化的方法，缩短关键线路上后续工作的持续时间。现假设工作 C 的后续工作 F、H 和 J 均可以压缩 10 天，通过比较，压缩工作 H 的持续时间所需付出的代价最小，故将工作 H 的持续时间由 30 天缩短为 20 天。调整后的网络计划如图 5-34 所示。

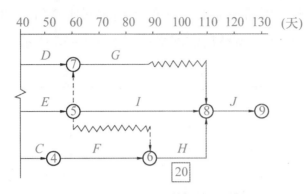

图 5-34　调整后工期不拖延的网络计划

b. 项目总工期允许拖延。如果项目总工期允许拖延，则此时只需以实际数据取代原计划数据，并重新绘制实际进度检查日期之后的简化网络计划即可。

【例 5-11】以图 5-33 所示前锋线为例，如果项目总工期允许拖延，此时只需以检查日期第 40 天为起点，用其后各项工作尚需作业时间取代相应的原计划数据，绘制出网络计划如图 5-35 所示。方案调整后，项目总工期为 140 天。

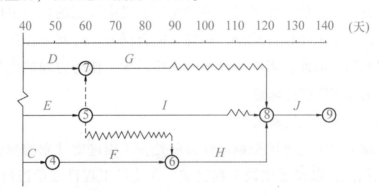

图 5-35　调整后拖延工期的网络计划

c. 项目总工期允许拖延的时间有限。如果项目总工期允许拖延，但允许拖延的时间有限。则当实际进度拖延的时间超过此限制时，也需要对网络计划进度调整，以便满足要求。

具体的调整方法是以总工期的限制时间作为规定工期，对检查日期之后尚未实施的网络计划进行工期优化，即通过缩短关键线路上后续工作持续时间的方法来使总工期满足规定工期的要求。

【例 5-12】仍以图 5-33 所示前锋线为例，如果项目总工期只允许拖延至 135 天，则可按以下步骤进行调整。

第一步，绘制化简的网络计划。如图 5-35 所示。

第二步，确定需要压缩的时间。从图 5-35 中可以看出，在第 40 天检查实际进度时发现总工期延长 10 天，该项目至少需要 140 天才能完成。而总工期只允许延长至 135 天，故需将总工期压缩 5 天。

第三步，对网络计划进行工期优化。从图 5-35 中可以看出，此时关键线路上的工作为 C、F、H 和 J。现假设通过比较，压缩关键工作 H 的持续时间所需付出的代价最小，故将其持续时间由原来的 30 天压缩为 25 天，调整后的网络计划如图 5-36 所示。

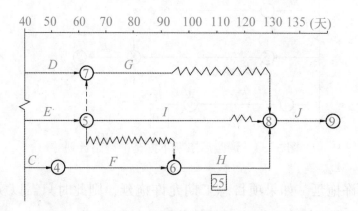

图 5-36　总工期拖延时间有限时的网络计划

以上 3 种情况均是以总工期为限制条件调整进度计划的。值得注意的是，当某项工作实际进度拖延的时间超过其总时差而需要对进度计划进行调整时，除需考虑总工期的限制条件外，还应考虑网络计划中后续工作的限制条件，特别是对总进度计划的控制更应注意这一点。因为在这类网络计划中，后续工作也许就是一些独立的合同段。时间上任何变化，都会带来协调上的麻烦或者引起索赔。因此，当网络计划中某些后续工作对时间的拖延有限制时，同样需要以此为条件，按前述方法进行调整。

③网络计划中某些项工作进度超前。

监理工程师对建设工程实施进度控制的任务就是在工程进度计划的执行过程中，采取必要的组织协调和控制措施，以保证建设工程完成。在建设工程计划阶段所确定的工期目标，往往是综合考虑了各方面因素而确定的合理工期。因此，时间上的任何变化，无论是进度拖延还是超前，都可能造成其他目标的失控。例如，在一个建设工程施工总进度计划中，由于某项工作的进度超前，致使资源的需要发生变化，而打乱了原计划对人、材、物等资源的合理安排，亦将影响资金计划的使用和安排。因此，如果建设工程实施过程中出现进度超前的情况，进度监控人员必须综合分析进度超前对后续工作产生的影响，并协助承包单位进行合理的进度方案调整，以确保工期总目标的顺利实现。

🔧 基础考核

一、单项选择题 (每题的备选项中，只有 1 个最符合题意)

1. 下列方法中，既能比较工作的实际进度与计划进度，又能分析工作的进度偏差对工程总工期影响程度的是( )。

A. 匀速进度横道图比较法 B. S 曲线比较法

C. 非匀速进展横道图比较法 D. 前锋线比较法

2. 工程进度控制是监理工程师的主要任务之一，其最终目的是确保建设项目( )。

A. 在实施过程中应用动态控制原理 B. 按预定的时间动用或提前交付使用

C. 进度控制计划免受风险因素的干扰 D. 各方参建单位的进度关系得到协调

3. 为了有效地控制建设工程进度，必须事先对影响进度的各种因素进行全面分析和预测。其主要目的是实现建筑工程进度的 ( )。

A. 动态控制 B. 主动控制 C. 事中控制 D. 纠偏控制

4. 下列任务中，属于建筑工程实施阶段监理工程师进度控制任务的是( )。

A. 审查施工总进度计划 B. 编制单位工程施工进度计划

C. 编制详细的出图计划 D. 确定建设工期总目标

5. 利用横道图表示工程进度计划，其不足是不能明确反映( )。

A. 整个工程单位时间内的资源需求量 B. 各项工作的开始时间和完成时间

C. 各项工作之间的搭接关系 D. 工程费用与工程总工期之间的关系

二、多项选择题(每题的备选项中，有 2 个或 2 个以上符合题意，至少有 1 个错项)

1. 监理总进度分解计划按工程进展阶段分为( )。

A. 设计准备阶段进度计划 B. 设计阶段进度计划

C. 动用前准备阶段进度计划 D. 年度进度计划

E. 月度进度计划

2. 与横道计划相比，网络计划具有以下主要特点( )。

A. 网络计划能够明确表达各项工作之间的逻辑关系

B. 通过网络计划时间参数的计算，可以找出关键线路和关键工作

C. 通过网络计划时间参数的计算，可以明确各项工作的机动时间

D. 确定型网络计划只有普通双代号网络计划和单代号网络计划

E. 比横道计划直观明了

3. 下列对工程进度造成影响的因素中，属于业主因素的有( )。

A. 不能及时向施工承包单位付款 B. 不明的水文气象条件

C. 施工安全措施不当 D. 不能及时提供施工场地条件

E. 临时停水、停电、断路

4. 下列关于双代号时标网络计划的表述中，正确的有( )。

A. 工作箭线左端节点中心所对应的时标值为该工作的最早开始时间

B. 工作箭线中波形线的水平投影长度表示该工作与其后续工作之间的时间间隔

C. 工作箭线中实线部分的水平投影长度表示该工作的持续时间

D. 工作箭线中不存在波形线时，表明该工作的总时差为零

E. 工作箭线中不存在波形线时，表明该工作与其后续工作之间的时间间隔为零

5. 下列导致工期拖延情况，可以由承包商提出索赔的有(　　　　)。

A. 30 年一遇的洪水　　　　　　　　　　B. 施工现场支架垮塌

C. 业主晚提供施工图纸　　　　　　　　D. 地下开挖遇到设计没有的管线

E 监理工程师发生错误指令

🔧 技能实训

某实行监理的工程，施工合同采用《建设工程施工合同(示范文本)》，合同约定，吊装机械闲置补偿费 600 元/台班，单独计算，不进入直接费。经项目监理机构审核批准的施工总进度计划如图 5-37 所示(时间单位：月)。

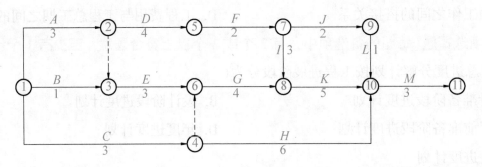

图 5-37　施工总进度计划

事件 1：开工后，建设单位提出工程变更，致使工作 E 的持续时间延长 2 个月，吊装机械闲置 30 台班。

事件 2：工作 G 开始后，受当地百年一遇洪水影响，该工作停工 1 个月，吊装机械闲置 15 台班，其他机械设备损坏及停工损失合计 25 万元。

事件 3：工作 I 所安装的设备由建设单位采购。建设单位在没有通知施工单位共同清点的情况下，就将该设备存放在施工现场。施工单位安装前，发现该设备的部分部件损坏，调换损坏的部件使工作 I 的持续时间延长 1 个月，发生费用 1.6 万元。对此，建设单位要求施工单位承担部件损坏的责任。

事件 4：工作 K 开始之前，建设单位又提出工程变更，致使该工作提前 2 个月完成，因此，建设单位提出要将原合同工期缩短 2 个月，项目监理机构认为不妥。

问题：

1. 确定初始计划的总工期，并确定关键线路及工作 E 的总时差。

2. 事件 1 发生后，吊装机械闲置补偿费为多少？工程延期为多少？说明理由。

3. 事件 2 发生后，项目监理机构应批准的费用补偿为多少？应批准的工程延期为多少？说明理由。

4. 指出事件 3 中建设单位的不妥之处，说明理由。项目监理机构应如何批复所发生的费用和工程延期问题？说明理由。

5. 事件 4 发生后，预计工程实际工期为多少？项目监理机构认为建设单位要求缩短合同工期不妥是否正确？说明理由。

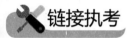 **链接执考**

【2019 年监理工程师考试，单项选择题】

1. 某分部工程有 3 个施工过程，分为 4 个施工段组织加快的成倍节拍流水施工，各施工过程流水节拍分别是 6 天、6 天、9 天，则该分部工程的流水施工工期是(　　)天。

A. 24　　　　　　　　B. 30　　　　　　　　C. 36　　　　　　　　D. 54

参考答案：B

2. 在有足够工作面和资源的前提下，施工工期最短的施工组织方式是(　　)。

A. 依次施工　　　　B. 搭接施工　　　　C. 平行施工　　　　D. 流水施工

参考答案：C

3. 双代号网络计划中虚工作的含义是指(　　)。

A. 相邻工作间的逻辑关系，只消耗时间

B. 相邻工作间的逻辑关系，只消耗资源

C. 相邻工作间的逻辑关系，消耗资源和时间

D. 相邻工作间的逻辑关系，不消耗资源和时间

参考答案：D

4. 根据网络计划时间参数计算得到的工期称之为(　　)。

A. 计划工期　　　　B. 计算工期　　　　C. 要求工期　　　　D. 合理工期

参考答案：B

项目 6

建筑工程安全控制

学习目标

【知识目标】

1. 熟悉安全监理的法律、法规。
2. 熟悉安全监理的责任目标。
3. 熟悉安全监理的工作内容。
4. 掌握现场安全管理检查的内容。

【技能目标】

能够完成工程施工过程的现场安全检查工作。

思维导图

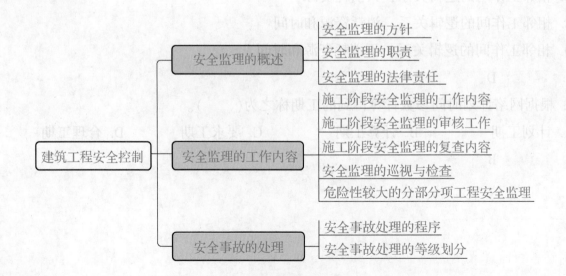

建筑工程安全控制
- 安全监理的概述
  - 安全监理的方针
  - 安全监理的职责
  - 安全监理的法律责任
- 安全监理的工作内容
  - 施工阶段安全监理的工作内容
  - 施工阶段安全监理的审核工作
  - 施工阶段安全监理的复查内容
  - 安全监理的巡视与检查
  - 危险性较大的分部分项工程安全监理
- 安全事故的处理
  - 安全事故处理的程序
  - 安全事故处理的等级划分

6.1 安全监理的概述

安全监理是指社会化、专业化的监理单位接受建设单位的委托和授权，依据国家现行有关法律、法规、标准规范、经批准的工程建设文件、委托监理合同及有关建设工程合同等，对工程建设实施阶段承建单位的安全生产进行监督管理。

安全监理主要依据《刑法》《安全生产法》《建设工程安全生产管理条例》《建筑工程安全生产监督管理工作导则》《关于落实建设工程安全生产监理责任的若干意见》《关于贯彻落实〈建设工程安全生产管理条例〉中监理安全责任的通知》《建设工程施工现场管理规定》《建筑施工安全检查标准》《施工现场临时用电安全技术规范》（JGJ 46—2005）、《建筑施工扣件式钢管脚手架安全技术规范》（JGJ 130—2011）、《建设工程监理规范》（GB/T 50319—2013）等法律、法规、规范和标准。

安全监理包括对工程建设中的人、机、物、环境及施工全过程的安全生产进行监督管理，通过采取组织、技术、经济和合同措施，保证建设行为符合国家安全生产、劳动保护法律、法规和有关政策，将建设工程安全风险有效地控制在允许的范围内，以确保施工安全。

6.1.1 安全监理的方针

建设工程安全生产管理，要坚持以人为本，坚持人民至上、生命至上，把保护人民生命安全摆在首位，树立安全发展理念，贯彻安全第一、预防为主、综合治理的方针，从源头上防范化解重大安全风险。

安全第一就是树立没有安全就没有质量、进度、效益的观念。例如工人在进行高空等危险作业时，安全措施如果不到位，安全得不到保障，工人作业时必然不能专心，就会发生偷工的现象；再例如为了抢进度，安全措施不到位即组织进行施工，万一出现安全事故，必然导致停工，对进度的影响就会更大，不仅得不偿失，同时会影响验收使用时间，造成生产等损失。因此，对现场的施工安全，任何施工作业前必须确保安全技术措施到位，安全工作要放在第一位。

6.1.2 安全监理的职责

明确各级监理人员的监理安全职责是保证安全监理的前提。监理单位法定代表人应对本企业监理工程项目的安全监理全面负责；总监理工程师要对工程项目的安全监理负责；专业监理工程师(员)要对本专业范围内的工程项目安全监理负责；专业安全监理工程师要对整个施工现场的工程项目安全监理负责。监理人员安全监理职责见表6-1。

表6-1 监理人员安全监理职责

监理人员名称	安全监理职责
总监理工程师	1. 按授权要求组建项目监理机构，配备安全监理人员，明确监理部监理人员安全监理工作职责，监理人员在总监的领导下，对工程项目安全生产进行监理。 2. 主持编写安全监理方案，明确安全监理内容、工作程序和制度措施；审批安全监理实施细则，安全监理实施细则应有针对性和可操作性。 3. 督促施工总承包单位建立、健全施工现场安全生产保证体系。 4. 协助安全事故的调查分析，并督促、检查有关事故后的整改情况。 5. 审核并签发有关安全监理的监理通知、安全监理专题报告、工程暂停令、复工报审表。 6. 定期巡视并组织对施工现场进行安全生产检查，对存在问题发出整改通知或暂时停工的整改通知，如责任方拒不执行整改的，及时报告建设单位、安全监督部门或建设行政主管部门处理。 7. 组织审查施工单位施工组织设计中的安全文明技术措施，各种专项施工方案和应急救援预案并签署审查意见。审批《施工现场起重机械拆装报审表》和《施工现场起重机械验收核查表》；签署《安全防护、文明施工措施费用支付证书》。 8. 负责处理所监理项目中的突发事件，并及时报告公司
总监理工程师代表	1. 根据总监理工程师的授权，行使总监理工程师的部分职责和权力。 2. 总监理工程师不得将下列工作委托总监理工程师代表。 (1)对所监理工程项目的安全监理工作全面负责。 (2)主持编写安全监理方案，审批安全监理实施细则。 (3)签署《安全防护、文明施工措施费用支付证书》。 (4)签发安全监理专题报告。 (5)签发《工程暂停令》，必要时向有关部门报告
安全监理人员	1. 编写安全监理方案和安全监理实施细则。 2. 审查施工单位的营业执照、企业资质和安全生产许可证。 3. 审查施工单位安全生产管理的组织机构，查验安全生产管理人员的安全生产考核合格证书、各级管理人员和特种作业人员上岗资格证书。 4. 审核施工组织设计中的安全技术措施和专项施工方案。 5. 核查施工单位安全培训教育记录和安全技术措施的交底情况。 6. 检查施工单位制定的安全生产责任制度、安全检查制度和事故报告制度的执行情况。 7. 核查施工起重机械拆卸、安装和验收手续，签署相应表格，检查定期检测情况。 8. 核查中小型机械设备的进场验收手续，签署相应表格

监理人员名称	安全监理职责
安全监理人员	9. 参加施工现场模板支撑体系的验收并签署意见，对工具式脚手架、落地式脚手架、临时用电、基坑支护等安全设施的验收资料及实物进行检查并签署意见。 10. 起草并经总监授权签发有关安全监理的《监理通知》。 11. 编写监理月报中的安全监理工作内容。 12. 对施工现场进行安全巡视检查，填写监理日记，发现问题及时向专业监理工程师通报，并向总监理工程师或总监代表报告
专业监理工程师	1. 参与编写安全监理实施细则。 2. 审核施工组织设计或施工方案中本专业的安全技术措施。 3. 审核本专业的危险性较大的分部分项工程的专项施工方案。 4. 检查本专业施工安全状况，对发现的安全事故隐患及时向安全监理人员通报或向总监理工程师报告。 5. 参加本专业安全防护设施检查验收并在相应表格上签署意见
监理员	1. 在施工现场巡视、旁站监理过程中，除对工程质量、工程材料质量实施动态监督外，还应对安全生产进行监督。 2. 当发现有安全生产违规操作时，有责任及时制止；当发现存在安全隐患时，应及时报告安全监理人员和总监理工程师(总监代表)。 3. 接受总监(总监代表)安排，临时代替安全监理人员工作。 4. 负责项目安全监理资料的管理工作

6.1.3 安全监理的法律责任

2021 年 6 月 29 日新《安全生产法》规定："安全生产工作实行管行业必须管安全、管业务必须管安全、管生产经营必须管安全，强化和落实生产经营单位主体责任与政府监管责任，建立生产经营单位负责、职工参与、政府监管、行业自律和社会监督的机制。"虽然施工单位是安全生产的责任主体，但工程监理单位和监理工程师应当按照法律、法规和工程建设强制性标准实施监理，并对建设工程安全生产承担监理责任。

《建设工程安全生产管理条例》第 57 条 违反本条例的规定，工程监理单位有下列行为之一的，责令限期改正；逾期未改正的，责令停业整顿，并处 10 万元以上 30 万元以下的罚款；情节严重的，降低资质等级，直至吊销资质证书；造成重大安全事故，构成犯罪的，对直接责任人员，依照刑法有关规定追究刑事责任；造成损失的，依法承担赔偿责任。

①未对施工组织设计中的安全技术措施或者专项施工方案进行审查的。

②发现安全事故隐患未及时要求施工单位整改或者暂时停止施工的。

③施工单位拒不整改或者不停止施工，未及时向有关主管部门报告的。

④未依照法律、法规和工程建设强制性标准实施监理的。

在《关于落实建设工程安全生产监理责任的若干意见》(建市〔2006〕248号)中将监理单位和监理人员承担的安全生产监理责任进行了界定，具体内容如下。

①施工组织设计中的安全技术措施或专项施工方案未经监理单位审查签字认可，施工单位擅自施工的，监理单位应及时下达工程暂停令，并将情况及时书面报告建设单位。监理单位未及时下达工程暂停令并报告的，应承担《建设工程安全生产管理条例》第57条规定的法律责任。

②监理单位在监理巡视检查过程中，如果发现存在安全事故隐患，应按照有关规定及时下达书面指令要求施工单位进行整改或停止施工。监理单位发现安全事故隐患没有及时下达书面指令要求施工单位进行整改或停止施工的，应承担《建设工程安全生产管理条例》第57条规定的法律责任。

③施工单位拒绝按照监理单位的要求进行整改或者停止施工的，监理单位应及时将情况向当地建设主管部门或工程项目的行业主管部门报告。监理单位没有及时报告，应承担《建设工程安全生产管理条例》第57条规定的法律责任。

④监理单位未依照法律、法规和工程建设强制性标准实施监理的，应当承担《建设工程安全生产管理条例》第57条规定的法律责任。

因此，监理单位该审查的内容一定要审查，该检查的项目一定要检查，该停工的情况一定要停工，该报告的事项一定要报告。监理单位履行了上述规定的职责，施工单位未执行监理指令继续施工或发生安全事故的，应依法追究监理单位以外的其他相关单位和人员的法律责任。

6.2 安全监理的工作内容

6.2.1 施工阶段安全监理的主要内容

(1)审查施工企业资质

对于施工企业资质(含分包单位)主要审查以下内容。

①工程施工总承包或分包单位均须提供企业资质证书、信用管理手册等资料。

②审核施工总承包或分包单位承包的工程是否在其资质等级许可范围内。

③除总承包合同中约定的分包外，施工总承包单位将承包工程中的部分工程发包给具有

相应资质条件的分包单位，必须经建设单位认可。

④施工总承包单位必须在分包单位进场施工前报审分包单位资格。

（2）审查安全生产许可证

在审查施工单位的安全生产许可证（安全协议）时，总承包或分包单位以及建筑起重机械安装或者拆卸单位均须提供安全生产许可证及安全协议。同时审查安全生产许可证及安全协议的有效期是否满足合同工期要求。

（3）审查人员资格

①在审查施工总承包或分包单位现场项目管理人员的执业资格时，主要查看以下内容。

a. 施工总承包或分包单位提供的项目经理、技术负责人、质检员、安全员、施工员等执业资格证书及人员名单一览表（含通信号码）是否与现场工作人员一致。

b. 项目经理、专业技术人员的执业资格许可范围是否超越所承包的工程。期间更换项目经理要经业主书面同意，并重新办理相关备案手续。

c. 项目经理和专职安全生产管理人员是否与投标文件相一致。是否聘用注册安全工程师。

②审查三类人员安全生产考核合格证书，即施工企业主要负责人需持有 A 证，项目经理需持有 B 证，专职安全生产管理人员需持有 C 证。

审查特种作业人员操作资格证书，施工总承包或分包单位均须提供现场电工，电焊工，塔式起重司机，安装拆卸工，垂直运输机械作业人员（含汽车操作人员等），起重司索工，指挥，信号工，架子工，登高作业人员以及汽车、翻斗车、压路机等驾驶员等特种作业人员操作资格证书及人员名单一览表。

施工总承包或分包单位的施工企业资质、安全生产许可证、项目管理人员的资质和执业资格、特种作业人员操作资格等证书必须提供原件及全本复印件，监理人员比对复印件与原件一致后在复印件上加盖原件已核章，或直接提供施工资质证书的复印件，但必须有年检栏，且年检合格，并加盖施工企业公章。

审查施工总承包单位与分包单位的安全监督备案证书，更换安全员的施工单位，必须重新办理安全监督备案手续。

（4）审查组织设计中的措施并督促

审查主要内容。施工单位开工前需要提前 7 日向监理报审施工组织设计或专项施工方案，监理要对施工组织设计或专项施工方案及时进行审批，其审查内容如下。

a. 程序性审查：有"编""审""批"封面，封面上的"编制人"为施工企业现场项目经理部技术负责人，"审核人"为施工企业技术部门的专业技术人员，"批准人"为施工企业技术负责人，一般为总工程师。"编""审""批"人员必须亲笔签字，并加盖施工企业公章。临时用电施工组织设计必须由电气工程技术人员组织编制。

b. 施工总平面布置图审查：审查是否有符合安全生产要求的施工总平面布置图。

c. 主要施工方案审查：审查是否有各分部分项工程的主要施工方案(包括临时用电方案)，其他如基坑支护、模板支撑、脚手架、起重吊装等专项施工方案可单独进行编制，但要有文字说明，比如详见××，或在××分部(分项)施工前编制、报审。

d. 强制性标准符合性审查：逐条比较、审查各分部分项工程的施工工艺、技术、工序流程的可行性，计算书、安全验算结果的正确性；各项安全施工措施与项目施工特点结合情况；安全技术措施符合工程建设强制性标准情况。

e. 临时用电及建筑起重机械、整体提升脚手架、模板等自升式架设设施和危险性较大工程等必须编制专项安全施工方案。模板的施工方案见图6-1~图6-7。

以下工程必须组织专项施工方案审查专家组进行论证。

a. 深基坑工程：开挖深度≥5m，或开挖深度未超过5m，但地质条件和周围环境及地下管线及其复杂的工程。

b. 高大模板工程：水平混凝土构件模板支撑系统超过8m，或跨度超过18m，施工总荷载大于$10kN/m^2$，或集中荷载大于$15kN/m^2$的模板支撑系统。

c. 跨度在30m及以上的吊装工程和30m及以上的高空作业的工程。

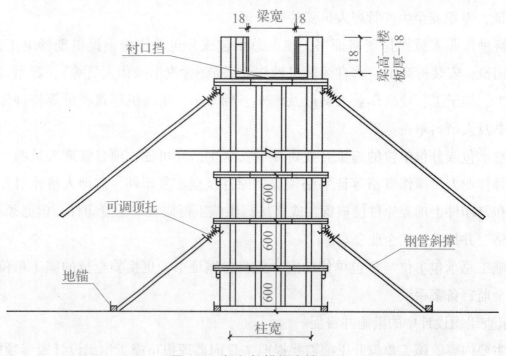

图6-1 框架柱模板支撑图

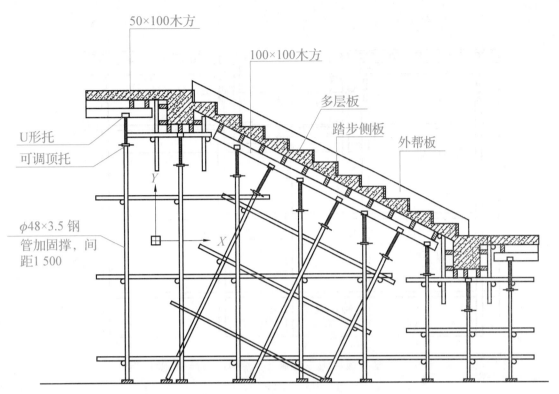

图 6-2 楼梯模板及支撑图

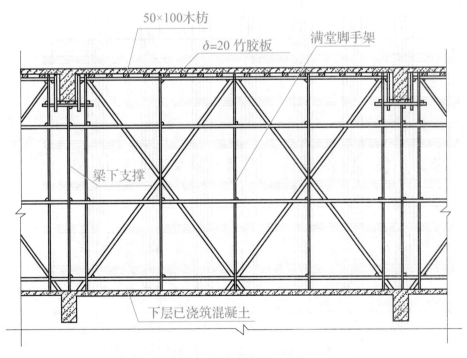

图 6-3 梁、板模板支撑示意图

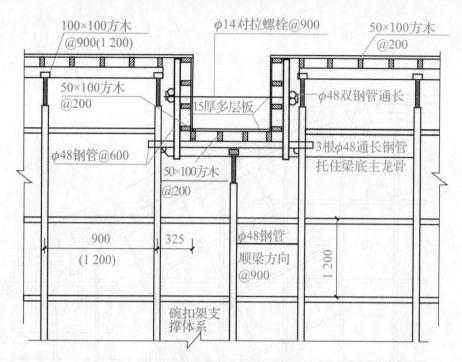

图 6-4 梁模板底板支撑施工示意图(多层板 碗扣架)

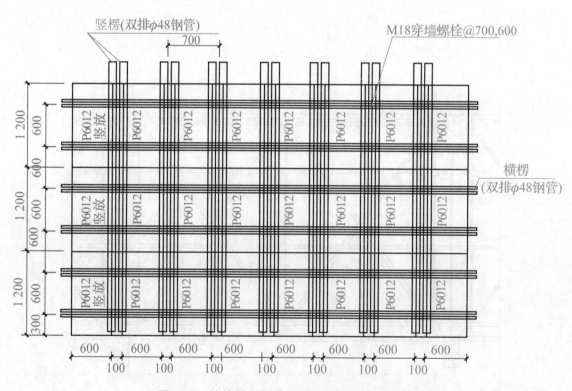

图 6-5 墙体模板竖向组拼示意图(钢模板)

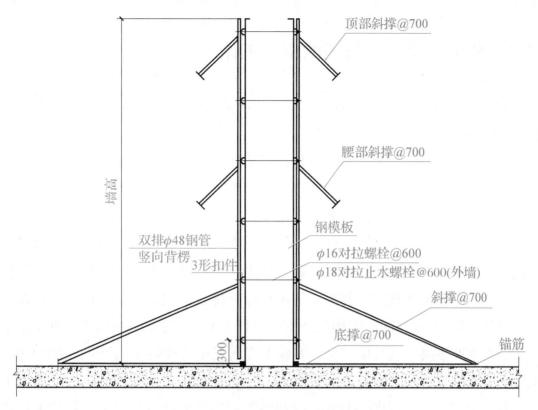

图 6-6　内墙模板支撑施工示意图(钢模板)

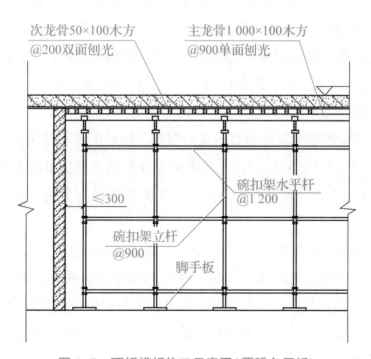

图 6-7　顶板模板施工示意图(覆膜多层板)

　　施工组织设计中的安全技术措施或专项施工方案未经监理单位审查签字认可,施工单位擅自施工的,监理单位应及时下达工程暂停令,并将情况及时书面报告建设单位。对无施工方案强行施工的要给予坚决制止,并有书面记录。

6.2.2 施工阶段安全监理的审核工作

（1）审核施工企业安全生产保证体系、安全生产责任制、各项规章制度和安全监管机构建立及人员配备情况。

施工总承包或分包单位均须建立安全生产保证体系。监理人员在审核施工总承包或分包单位安全生产保证体系时，须向监理部门提供安全生产保证体系流程框图和安全生产保证体系正常运行的保证措施，并且符合要求。

施工总承包或分包单位均须制订全员安全生产责任制，且必须经相关人员确认签字。

总承包或分包单位均须制订切实可行的安全生产规章制度和操作规程，主要包括：①安全生产规章制度；②安全教育培训制度；③事故隐患排查治理制度；④特种作业人员管理制度；⑤施工现场消防管理制度（需明确消防安全责任人）；⑥安全防护用具及机械设备准用管理制度；⑦安全生产事故应急救援制度；⑧施工现场卫生管理制度（食堂、宿舍卫生）；⑨分部分项工程安全技术交底制度；⑩危险性较大工程备案（报告）制度；⑪重大危险源工程报告备案制度；⑫门卫值班管理制度；⑬各工种和各类施工机械设备的安全操作技术规程等；⑭施工机具的安装验收、使用检查维护制度；⑮临时用电管理制度；⑯易燃易爆（氧气、乙炔、油漆等）物品、重大危险源的存放使用管理制度；⑰班前安全活动制度；⑱专项施工方案专家审查制度；⑲安全生产费用保障制度；⑳文明施工管理制度；㉑工伤事故报告和调查处理制度；㉒保险管理（如工伤保险、第三者责任险、安全生产责任险）等。

审核施工总承包或分包单位的安全管理机构是否建立、安全管理人员是否落实到位，施工总承包或分包单位的专职安全员配备数量是否按以下标准配备：建筑面积 1 万 m^2 以下配备 1 人，1 万~5 万 m^2 配备 2~3 人，5 万 m^2 以上按不同专业专职安全员组成安全管理组。

（2）审核施工企业应急救援预案和安全防护、文明施工措施费用使用计划，并检查安全生产费用的使用情况。

施工总承包单位应统一编制生产安全事故应急救援预案。生产安全事故应急救援预案应包括工程、现场项目部管理人员的基本情况；救护组织情况；救援器材、设备的配置，救护单位（医院的名称、电话）；救护行驶路线等。总承包或分包单位必须定期组织救护演练。

生产安全事故应急救援预案应当告知现场施工作业人员。在工程施工期间，其内容应当在施工现场显著位置予以公示。

施工总承包或分包单位须将安全防护、文明施工措施费用单独列入生产计划。安全防护、文明施工措施费用应不少于工程总造价的 2%。监理部门应定期检查安全生产费用的使用情况。

（3）审核施工现场安全防护是否符合投标时的承诺以及《建筑施工现场环境与卫生标准》

（JGJ 146—2013）等标准要求。

根据施工总承包单位提供的投标承诺书，查看施工单位是否有完善的防止或减少粉尘、废气、废水、固体废物、噪声、振动和施工照明对人及环境造成的危害和污染的防护措施。

有毗邻建筑物、构筑物、地下管线的施工现场，施工单位还要有针对毗邻建筑物、构筑物和地下管线的专项防护措施。

（4）监理部门要检查施工现场的各种安全标志和安全防护措施是否符合强制性标准要求。

①检查安全防护用品的使用情况。安全帽、安全网、安全带、安全绳等安全防护用品必须提供安检合格证，并在有效的检验期内。

a. 安全帽。进入施工现场的所有人员都必须戴好安全帽，系好帽带。

b. 安全网。安全网须有产品合格证，生产许可证，并有建筑安全监督部门准用证（质量检测合格证）；安全网应使用16号以上钢丝进行固定，严禁使用扎丝固定。

c. 安全带。安全带应采用可卷式安全带，其可卷和缓冲装置更齐全、有效；安全带应高挂低用；带长应小于2.5m（一般小于2m），超过3m的带长应加缓冲器。凡是悬空作业及2m以上高空作业的人员，都必须系好符合标准的安全带。

②检查"四口""五临边"安全防护情况。楼梯口、电梯口、预留洞口、尚未安装栏杆或栏板的阳台、挑阳台周边、雨篷与挑檐周边、无外脚手架的屋面与楼层周边及水箱与水塔周边等处必须设护栏、护板或架网。施工现场各类洞口与坑槽等处，除设置防护设施与安全标志外，夜间还应设置红灯示警。

施工防护栏应由上、下两道横杆及护栏立柱组成。上杆离地高度为1.0~1.2m，下杆离地高度为0.5~0.6m，坡度大于1:2.2的屋面，防护栏杆应高1.5m并加挂安全立网。除经设计计算外，横杆长度大于2m时，必须加设栏杆柱。防护栏杆必须自上而下用安全立网封闭，或在栏杆下边设置严密固定的高度不低于180mm的挡脚板或400mm的挡脚笆。挡脚板与挡脚笆上如有孔眼，不应大于25mm，板与笆下边距离底面的空隙不应大于10mm。

预留洞口、坑井口防护应根据具体情况采取防护栏杆、加盖、张挂安全网与装栅门等措施以保证施工安全，满足《建筑施工高处作业安全技术规范》〔JGJ 80—91〕的要求：钢管桩、钻孔桩等桩孔上口、杯形、条形基础上口，未填土的坑槽，以及上人孔、天窗、地板门等处，均应按洞口防护设置稳固的盖件；边长在1500mm以上的洞口，四周设防护栏杆，洞口下张设安全平网；位于车辆行驶道旁的洞口、深沟与管道坑、槽，所加盖板应能承受不小于当地额定卡车后轮有效承载力2倍的荷载；下边沿至楼板或底面低于800mm的窗台等竖向洞口，如侧边落差大于2m时，应加设1.2m高的临时护栏；对邻近的人与物有坠落危险性的其他竖向的孔、洞口，均应予以盖设或加以防护，并有固定其位置的措施。

垃圾井道、烟道和竖向管道，应随楼层的砌筑或安装消除洞口，或参照预留洞口作防护。

洞口的防护应根据具体情况采取防护栏杆、加盖、张挂安全网与装栅门等措施，并符合下列要求：

a. 楼梯口防护应采用钢管、毛竹、钢筋焊接方法，设置二道防护栏杆。上道栏杆高度应为 1.2m，下道栏杆高度 0.5~0.6m，自下而上设置（包括梯段），防护栏杆应稳定、牢固。

b. 电梯井口的防护必须设防护栏杆或固定栅口，并形成定型化、工具化的防护设施。电梯井内每隔两层（不大于 10m）设一道安全平网。

c. 预留洞口、坑井口防护措施：楼板、屋面和平台等面上短边尺寸小于 250mm，但大于 25mm 的孔口，必须用坚实的盖板盖设，盖板应能防止挪动移位。

楼板屋面和平台等面上短边尺寸小于 250mm，但长边尺寸大于 250mm 的孔口，必须用坚实的盖板盖设，盖板应能防止挪动移位。

楼板面等处边长为 250~500mm 的洞口，可用竹、木等作盖板，盖住洞口。盖板须能保持四周搁置均衡，并有固定其位置的措施。

边长 500~1500mm 的洞口，必须设置以扣件扣接钢管而成的网格，并在其上满铺竹笆或脚手板。也可采用贯穿于混凝土板内的钢筋构成的防护网，钢筋网格间距不得大于 200mm。

墙面等处的竖向洞口，凡落地的洞口应加装开关式、工具式或固定式的防护门，门栅网格的间距不应大于 150mm，也可采用防护栏杆，下设挡脚板（笆）。

d. 通道口按以下措施进行防护。

正在施工的建筑物结构工程施工自二层起，凡人员进出的通道口（包括井架、施工电梯的通道口），均应搭设安全防护棚。

安全防护棚的宽度应大于出入口 0.5m，棚的长度根据建筑物的高度，参照《高处作业分级》（GB/T 3608—2008）有关高处作业可能坠落半径范围进行搭设。高处作业的级别划分与可能坠落范围半径见表 6-2。

表 6-2　高处作业的级别划分与可能坠落范围半径

作业高度 H（m）	高处作业级别	坠落范围半径 R（m）
2~5	Ⅰ	3
5~15	Ⅱ	4
15~30	Ⅲ	5
30 以上	Ⅳ	6

注：H 为作业位置至其底部的垂直距离。

高度超过 24m 的通道棚，应设双层防护，上层与下层之间的垂直距离不小于 700mm。

在施工过程中，尚未安装栏杆或栏板的阳台、料台与挑平台周边，雨篷与挑檐边，无外架防护的屋面周边，框架工程楼层周边，跑道（斜道）两侧及水箱与水塔周边等处，都必须设防护栏杆。

防护栏杆应由上、下两道搭杆及栏杆柱组成。上杆离地高度为 1.0~1.2m，下杆离地高度为 0.5~0.6m，除经设计计算外，横杆长度大于 2m 时，必须加设栏杆柱。栏杆柱的固定及其与横杆的连接，其整体构造应使防护栏杆在上杆任何处，能经受任何方向 1 000N 的外力。

底层墙高度超过 3.2m 的二层楼面周边，以及无外脚手架的高度超过 3.2m 的楼层周边，必须在外围架设安全平网一道。

坡度大于 1：2.2 的屋面(斜度大于 25°)时，防护栏杆应高 1.5m，并加挂安全密目网。檐口防护应高 1~1.5m。

防护栏杆必须自上而下用安全密目网封闭，或在栏杆下边设置严密固定的高度不低于 180mm 的挡脚板或 400mm 的挡脚笆。

接料平台两侧的栏杆，必须自上而下加挂安全密目网或满扎竹笆。接料平台的临边按照规范规定应设规范化、工具化的门。

防护栏杆应涂有红白相间或蓝黑相间的安全色进行隔护。

临边防护栏杆杆件的规格及连接按下列要求

a. 毛竹横杆小头有效直径不应小于 70mm，栏杆柱小头直径不应小于 85mm，并须用不小于 16 号的镀锌钢丝绑扎，不应少于 3 圈，并无泻滑。

b. 原木横杆上杆稍径不应小于 70mm，下杆梢径不应小于 60mm，栏杆柱梢径不应小于 75mm，用不小于 12 号的镀锌钢丝绑扎，要求表面平顺、稳固、无动摇。

c. 钢筋横杆上杆直径不应小于 16mm，下杆直径不应小于 14mm，栏杆柱直径不应小于 18mm，采用电焊或镀锌钢丝绑扎固定。

d. 钢管横杆及栏杆柱均采用 $\phi48\times(2.75~3.5mm)$ 的管材，以扣件或焊接固定。

e. 以其他钢材，如角钢等作防护栏杆件时，应选用强度相当的规格，以焊接固定。

(5)高空作业的有关规定。

高空作业是指凡在坠落高度基准面 2m 及以上，有可能坠落的高处进行的作业。

①从事高空作业的人员要进行定期体检。经医生诊断，凡患高血压、心脏病、贫血病、癫痫病以及其他不适于高空作业的人员，不得从事高空作业。

②高空作业人员应挂牢安全带，安全带有牢靠悬挂点，悬空作业点没有挂安全带的条件时应架设安全滑索等，或高挂低用。高空作业衣着要灵便，禁止穿硬底和带钉易滑的鞋。

③高空作业所用材料要堆放平稳，钢丝绳的护套、工具及零配件等应随手放入工具袋(套)内。上下传递物件禁止抛掷。高空往地面运输物件时，应用绳捆好吊下。

④遇有六级以上强风、雷暴、浓雾等恶劣气候，不得进行露天攀登与悬空高处作业。

⑤雨天和雪天进行高处作业时，必须采取可靠的防滑、防寒和防冻措施，如在脚手、走道、屋面铺麻袋或草垫。凡水、冰、霜，均应及时清除。

⑥暴风雪及台风暴雨后，应对高处作业安全设施逐一加以检查，发现有倾斜、松动、变

形、下沉、损坏或脱落、漏电等现象，应立即修理加固。有严重危险的，立即排除。

⑦没有安全防护设施，禁止在屋架的上弦、支撑、桁条、挑架的挑梁和未固定的构件上行走或作业。高空作业与地面联系，应设通信装置，并有专人负责。

⑧进行临边作业时，工作边沿及坡形屋顶周边等都必须设置防护设施。行车梁上部、吊装屋面梁上缘等，应架设安全滑索等。

⑨在进行攀登作业时，梯子不得缺档，不得垫高使用，梯子横档间距以300mm为宜。使用时上端要扎牢，梯脚底部应坚实，下端应采取防滑措施。单面梯与地面夹角60°～70°为宜。禁止二人同时在梯上作业。如需接长使用，应绑扎牢固。人字梯底脚要拉牢。折梯使用时，应有可靠的拉撑措施。在通道外使用梯子，应有人监护或设置围栏。

⑩作业人员应从规定的通道上下，不得任意利用起重机等施工设备进行攀登。禁止攀登起重臂、绳索和随同运料的吊篮、吊装物上下。

⑪悬空作业的人员，在周边临空状态下进行高处作业时应有牢靠的立足处(如搭设脚手架或作业平台)，并视作业条件设置防护栏杆、张挂安全网、佩戴安全带等安全措施。

⑫当遇有交叉作业时，交叉施工不宜上下在同一垂直方向上的作业，下层作业的位置，宜处于上层高度可能坠落半径范围以外。当不能满足要求时，应设置安全防护层。同时，应遵守"地面服从空中，屋外服从屋内"的原则。在塔式起重机等建筑起重机械活动范围内设置明显的安全警示标志，塔机大臂旋转半径内的工人作业区和生活区应有双层安全防护棚；结构工程施工自二层起，凡人员进出的通道口(包括井架、施工电梯的通道口)，均应搭设安全防护棚。

⑬卸料平台必须设置1.2m高防护栏杆和180mm踢脚板，平台口还应设置安全门，卸料平台要求采用50mm以上木板、钢板等硬质板材统一铺设，并设有防滑条，严禁采用毛竹脚手片。卸料平台要有设计计算和荷载限定标牌，其支撑系统与脚手架不得连接，卸料平台等构造要求必须符合《建筑施工扣件式钢管脚手架安全技术规范》(JGJ 130—2011)及专项施工方案要求。

(6)监理部门需提示特殊天气作业安全措施。

夏季施工严格执行高温期间作息时间表，35℃以上，不得在阳光直射下作业；38℃及以上，原则上应停止施工。施工人员应做好防暑降温、防雷击等安全管理工作。

(7)施工现场各类安全标志、标识齐全，并按现场安全标志布置总平面图进行设置。

(8)监理部门应按下列要求检查施工单位的文明施工情况。

①施工围挡的高度为1.8～2.5m，施工围挡要稳定、美观、连续设置。

②施工现场的进出口道路及主要干道必须进行硬化，出口有车辆冲洗设备。

③施工现场的钢筋、模板等加工场地应进行硬化，施工场地排水畅通，不得有积水现象。

④施工现场材料要堆放整齐，并挂有名称、品种、规格等标牌，操作时做到"落手清""工

完场清"。

⑤为工程项目建设的临时设施选址不得处在易发生滑坡、坍塌、低洼积水区域和强风口等危险地带；临时设施必须与作业区分开设置，并保持安全距离；搭设临时设施的队伍应具备合法资质，有搭设验收单；搭设临时设施的材质应轻质、保温、阻燃，有合格证；不得采用水泥珍珠岩板房和可燃的夹心彩钢板搭设临时设施；每6间临时设施用房配备一组控制电箱，导线有套管，插座必须在墙壁上固定。

⑥生活设施：生活垃圾有专门的垃圾箱存放，并定期清理；食堂有纱门、纱窗，炊事人员有健康证，并办理了卫生许可证；厕所有专人打扫，有冲水设施。

⑦现场防火：木工房、宿舍、食堂、易燃易爆物品库等场所要有灭火器材，并配置正确、合理；有动火审批手续和动火监护，要有消防水源满足消防要求。30m以上的高层建筑施工要有专项消防设施，要随层做消防水源管道。消防管道应使用对立管，设加压泵，每层留有消防水源接口。

⑧现场标牌要齐全，有"七牌二图"。即有工程概况、安全生产、文明施工、消防保卫、管理人员、应急救援预案公示、重大危险源公示标牌和施工现场平面布置图、现场安全标志布置总平面图。深基坑、地下暗挖、高大模板及各类工具模板、附着式升降脚手架、高处作业吊篮、设备及钢结构吊装、拆除爆破工程等重大危险源，应按要求进行公示。

⑨保健急救：有经培训合格的急救人员，保健医药箱、急救器材等。

⑩其他：施工现场进出口有大门、门卫，设置了企业标志；给工人设置学习和娱乐场所；治安防范措施，夜间未经相关部门许可不得施工，现场不得焚烧有毒、有害物质。有用工管理制度和登记簿，并为工人办理了劳动合同。

夏季施工要有防暑降温措施，如搭设遮阳棚或设置降温风扇等，施工现场必须配备茶水桶，茶水桶上有盖并上锁。茶水桶要有专人负责管理，每天清洗，定期进行消毒。

冬季施工要做好防寒保暖工作，施工现场要做好防滑和防冻措施。

6.2.3　施工阶段安全监理的复查内容

监理部门应复查施工单位施工机械和各种设施的安全许可验收手续。

监理部门要认真核查施工单位提交的建筑起重机械、整体提升脚手架、模板等自升式架设设施和安全设施等验收记录，并由安全监理人员签收备案。

在施工现场使用的起重机械坚持"谁租用谁负责，谁使用谁报检，谁使用谁把关，谁使用谁维修"的原则。

要严格审核机械设备、施工机具及配件的出租单位和自购使用单位的特种设备制造许可证、产品合格证、制造监督检验证明、备案证明等文件及安装单位的资质证书、使用单位的资质证书、安全生产许可证、安装或者拆卸合同等。

还要审核安装或者拆卸专项安全施工方案，当多台塔吊安装、作业时要有相互防碰撞的安全措施，并在施工过程中监督执行。塔式起重机应安装防雷装置（接地）。塔机安装后必须经现场调试、验收合格后方可投入使用。塔机验收由施工单位设备部门、安全部门、装拆队伍、工程项目共同执行，严格按照验收单内容逐项检查验收。同时，要进行技术检查、空载试验、载荷试验，保证塔机的安全使用。每次的附墙、顶升加节后也必须进行严格验收，保证附墙连接的可靠和塔身垂直度的要求。未经验收或验收不合格的不得投入使用。

建筑起重设备安装完毕后 30 日内，应持有相关检验部门的《建筑工程施工现场机械验收合格证》到安监站进行登记备案，取得《建筑工地起重机械设备使用登记证》。登记标志必须置于或附着于建筑起重机械显著位置。

监理人员应监督检查起重设备的使用情况，如使用单位应对塔式起重机等建筑起重机械及其安全保护装置、吊具、索具等进行经常性和定期的检查、维护和保养，并做好记录。对存在安全隐患的起重设备，监理部门应责令安装、使用单位进行整改，对安全事故隐患拒不整改的应及时向建设单位报告。

6.2.4　安全监理的巡视和检查

各专业监理工程师要承担起本专业范围内涉及的安全技术措施的安全监理工作，监督施工单位按照方案要点组织施工，开展日常巡视检查、记录等。

（1）监督施工单位安全保证体系正常运行

①三级安全教育。

a. 施工企业教育、现场项目部教育、班组教育。

b. 三级安全教育具体内容的记录。

c. 安全教育考试有试卷且成绩合格。

d. 安全教育卡签名要齐全。

e. 已接受了三级安全教育且安全教育考试合格人员名单一览表。

注：未经三级安全教育的人员不得进入施工现场作业；劳务派遣人员纳入本单位从业人员统一管理。

②安全技术交底记录。

a. 按照分部（分项）工程进行各工种的安全技术交底。

b. 有书面安全技术交底记录。

c. 履行了签字手续。

③定期检查总承包单位的安全检查记录。

监理工程师对总承包单位的安全检查记录每半月不少于一次检查,重点检查总承包单位对分包单位的安全检查记录以及整改复查记录。

④施工单位管理人员履行职责情况。

a. 施工总承包或分包单位项目部主要安全管理人员在现场工作时间必须达到90%以上。

b. 施工单位的专(兼)职安全人员必须现场跟班管理,必须佩戴袖标。

(2)监理的定期安全巡视检查

①以下工程和施工现场必须定期巡视检查。

A. 危险性较大的工程要随时进行巡视检查。

常见危险性较大工程有以下七类。

a. 基坑支护与降水工程。基坑支护工程是指开挖深度≥5m的基坑(槽)并采用支护结构施工的工程;或基坑虽未超过5m,但地质条件和周围环境复杂、地下水位在坑底以上的工程。

b. 土方开挖工程。土方开挖工程是指开挖深度≥5m的基坑(槽)的土方开挖。

c. 模板工程。各类工具式模板工程;水平混凝土构件模板支撑系统及特殊结构模板工程。

d. 起重吊装工程。

e. 脚手架工程。高度超过24m的落地式钢管脚手架,悬挑式、门形、吊篮脚手架,卸料平台等。

f. 拆除工程。

g. 其他工程。建筑幕墙的安装施工,预应力结构张拉施工,特种设备施工,网架结构施工,6m以上的边坡施工等。

B. 在永久工程进行旁站、质量验收、现场试验的比较重要的施工现场和吊装作业场地要每天进行巡视检查。

C. 没有验收要求的永久工程的施工现场,如脚手架搭设、粉刷等,每3~4天进行巡视检查一次。

D. 在施工现场内永久工程之外的加工场地,如木工房、钢筋加工场等,每周进行巡视检查一次。

E. 临时用电设施,易燃易爆(氧气、乙炔、油漆等)物品、重大危险源等存放库房,生活区等场所,每月进行巡视检查一次。

监理检查要严格按照《建筑施工安全检查标准》(JGJ 59—2011)进行。根据检查的评分结果,判定合格与否。对检查不符合要求的项目,向施工单位下达整改通知单。

安全监理月报应有以下内容。

a. 施工进度情况。

b. 建设单位发包的专业工程施工许可证办理情况及总承包单位分包的专业工程分包合同备案情况。总包及专业分包公司申请安全许可证情况及三类人员(企业主要负责人、项目负责人和专职安全生产管理人员)申领安全生产考核合格证情况。

  c. 建设单位支付和施工单位使用专项安全措施费的情况,专项安全施工方案的编制。

  d. 施工现场上月安全文明施工状况简介。

  e. 施工现场建设垃圾建筑垃圾的收集、倾倒、堆放和装运是否符合《城市建筑垃圾管理规定》(建设部令第 1390 号)的要求。

  f. 监理机构发出的有关施工安全隐患的监理通知单、工程暂停令等的整改情况。安监机构发出的安全文书的整改情况或停工令的执行情况。

  g. 工程项目的第一次监理例会,须报告建设各方安全管理机构组成名单及其联系电话。建设、施工、监理机构主要安全管理人员有变动时,须报告变动情况。当有新进场的专业承包公司或分包公司时,须报告现场管理机构名单及联系电话。

  h. 危险性较大的分部分项工程施工安全状况分析(必要时附照片)。

  i. 安全生产问题及安全事故的分析和处理情况。

  j. 存在问题及下月安全监理工作的计划和措施。

6.2.5 危险性较大的分部分项工程安全监理

  项目监理机构部严格按照住房城乡建设部办公厅《危险性较大的分部分项工程安全管理规定》(住房城乡建设部令第 37 号),进一步加强和规范房屋建筑和市政基础设施工程中危险性较大的分部分项工程(以下简称危大工程)安全管理实施监理工作。

  1. 危险性较大的分部分项工程监理实行总监负责制,总监全权负责危险性较大的分部分项工程的监督管理工作。

  2. 针对危险性较大的分部分项工程,施工单位必须编制专项方案,企业技术负责人审批后,上报监理单位审核;超过一定规模的危险性较大的分部分项工程,必须按程序由企业相关部门审核,专家进行论证,企业技术负责人审批后,上报监理单位审核,建设单位负责人签字后,方可组织实施。

  3. 超过一定规模的危险性较大的分部分项工程,需要进行监测监控的,建议委托第三方实施。进行第三方监测的危大工程监测方案的内容包括工程概况、监测依据、监测内容、监测方法、人员及设备、测点布置与保护、监测频次、预警标准及监测成果报送等。

  4. 项目监理机构应编制危险性较大的分部分项工程监理实施细则,现场配备专职安全监理工程师。

  5. 监理单位对专项方案的实施情况进行现场巡视检查,对不按专项方案实施的应责令整改;施工单位拒不整改的,应及时向建设单位报告,责令施工单位停工整改;施工单位仍不停工整改的,由建设单位向相关建设主管部门报告。

6. 安全事故隐患消除后，监理单位应检查隐患项目的整改结果，并签署复查或复工意见。

7. 对施工中的安全隐患，施工单位拒不整改或不停工整改的，监理单位应当及时向工程所在地建设主管部门或工程项目的行业主管部门书面报告；以电话形式报告的，应当保存通话记录，并及时补充书面报告。

6.3　安全事故的处理

6.3.1　安全事故处理程序

（1）当施工现场发生安全事故后，施工单位应迅速控制并保护现场，采取必要措施抢救人员和财产，防止情况的发展和扩大，及时报告施工单位主管部门和现场项目监理部。

（2）总监理工程师及时会同施工单位、建设单位现场负责人了解事故情况，判断事故的严重程度，及时发出监理指令，并向监理单位主要负责人报告。

（3）当现场发生重伤事故后，总监理工程师应签发《监理通知》，要求施工单位提交事故调查报告，提出处理方案和安全生产补救措施，安全监理人员进行复查，并在《监理通知回复单》中签署复查意见，由总监理工程师签认，同意后实施。

（4）当现场发生了死亡或重大死亡事故后，总监理工程师应签发《工程暂停令》，并向监理工程的所在地建设行政主管部门报告；监理单位应指定单位主管负责人进驻现场，组织安全监理人员配合由有关主管部门组成的事故调查组的调查；按照事故调查组提出的处理意见和防范措施建议，监督检查施工单位对处理意见和防范措施的落实情况，督促施工单位及时办理工程复工手续，并填报《工程复工报审表》；经安全监理人员核查同意后，总监理工程师签批。

6.3.2　安全事故处理的等级划分

根据《生产安全事故报告和调查处理条例》（中华人民共和国国务院第 493 号令）规定，生产安全事故（以下简称事故）造成的人员伤亡或者直接经济损失，事故一般分为以下等级。

（1）特别重大事故，是指造成 30 人以上死亡，或者 100 人以上重伤（包括急性工业中毒，下同），或者 1 亿元以上直接经济损失的事故。

（2）重大事故，是指造成 10 人以上 30 人以下死亡，或者 50 人以上 100 人以下重伤，或者

5 000 万元以上 1 亿元以下直接经济损失的事故。

（3）较大事故，是指造成 3 人以上 10 人以下死亡，或者 10 人以上 50 人以下重伤，或者 1 000 万元以上 5 000 万元以下直接经济损失的事故。

（4）一般事故，是指造成 3 人以下死亡，或者 10 人以下重伤，或者 1 000 万元以下直接经济损失的事故。

注："以上"包括本数，"以下"不包括本数。

事故发生后，事故现场人员应当立即向本单位负责人报告情况，单位负责人接到现场情况报告后，应当于 1 小时内向事故发生地县级以上人民政府安全生产监督管理部门和负有安全生产监督管理职责的有关部门报告。

情况紧急时，事故现场有关人员可以直接向事故发生地县级以上人民政府安全生产监督管理部门和负有安全生产监督管理职责的有关部门报告。

基础考核

一、单项选择题（每题的备选项中，只有 1 个最符合题意）

1. 我国安全生产的方针是（   ）。

A. 安全责任重于泰山　　　　　　　　B. 质量第一、安全第一

C. 管生产必须管安全　　　　　　　　D. 安全第一、预防为主

2. 工程监理单位和监理工程师应当按照法律法规和工程建设强制性标准实施监理，并对建筑工程安全生产承担（   ）责任。

A. 全部　　　　B. 连带　　　　C. 监理　　　　D. 主要

3. 按照住房的城乡建设部的有关规定，开挖深度超过（   ）的基坑、槽的土方开挖工程应当编制专项施工方案。

A. 3m（含 3m）　　　B. 5m　　　C. 5m（含 5m）　　　D. 8m

4. 按照住房和城乡建设部的有关规定，对达到一定规模的危险性较大的分部分项工程中涉及深基坑、地下暗挖工程、高大模板工程的专项施工方案，施工单位应当组织（   ）进行论证、审查。

A. 专家　　　　　　　　　　　　　　B. 监理工程师

C. 施工单位技术人员　　　　　　　　D. 专业监理工程师

5. 根据《建设工程安全生产管理条例》规定，（   ）应当审查施工组织设计中的安全技术措施或者专项施工方案是否符合工程建设强制性标准。

A. 建设单位　　　B. 工程监理单位　　　C. 设计单位　　　D. 施工单位

二、多项选择题（每题的备选项中，有 2 个或 2 个以上符合题意，至少有 1 个错项）

1. 安全管理目标的主要内容包括(　　　　)。

A. 生产安全事故控制目标　　　　　　　B. 质量合格目标

C. 安全达标目标　　　　　　　　　　　D. 文明施工实现目标

E. 施工进度目标

2. 下列属于《建筑施工安全检查标准》中所指的"四口"防护的是(　　　　)。

A. 通道口　　　　　　B. 管道口　　　　　　C. 预留洞口　　　　　　D. 楼梯口

E. 电梯井口

3. 根据《建设工程安全生产管理条例》，下列作业人员，必须按照国家有关规定经过培训，并取得特种作业操作资格证书后，方可上岗作业的是(　　　　)。

A. 垂直运输机械作业人员　　　　　　　B. 爆破作业人员

C. 起重信号工　　　　　　　　　　　　D. 登高架设作业人员

E. 安装拆卸工

4. 按照住建部的有关规定，下列工程须经专家论证审查专项施工方案的是(　　　　)。

A. 开挖深度超过 5m(含 5m)的深基坑工程

B. 地质条件和周围环境及地下管线极其复杂的深基坑工程

C. 地下暗挖及遇有溶洞、暗河、瓦斯、岩爆、涌泥、断层等地质复杂的隧道工程

D. 水平混凝土构件模板支撑系统高度超过 8m，或跨度超过 18m，施工总荷载大于 $10kN/m^2$ 的高大模板工程

E. 24m 及以上高空作业的工程

5. 依据《建设工程安全生产管理条例》，对工程监理单位在实施监理过程中行为的叙述，下列正确的是(　　　　)。

A. 发现存在安全事故隐患的，应当要求施工单位整改

B. 发现存在安全事故隐患的，应当立即要求施工单位停工整改

C. 安全事故隐患情况严重的，应当要求施工单位暂时停止施工，并及时报告建设单位

D. 安全事故隐患情况严重的，应当要求施工单位立即停业整顿

E. 施工单位拒不整改或者不停止施工的，工程监理单位应当及时向有关主管部门报告

✖ 技能实训

某建筑公司承建了某市开发区 20 层住宅楼，总建筑面积 26 000m²，建筑高度 66.32m，全现浇钢筋混凝土剪力墙结构，筏形基础。工程在外檐装修时采用的是可分段式整体提升脚手架，脚手架的全部安装升降作业，以工程分包的形式交给了该脚手架的设计单位进行。

事件 1：在进行降架作业时，突然两个机位的承重螺栓断裂，造成连续 5 个机位上的 10

条承重螺栓相继被剪切，楼南侧 51m 长的架体与支撑架脱离，自 45m 的高度坠落至地面。致使在架体上和地面上作业的 20 余名工人，除 1 人从架体上跳入室内幸免外，其余 19 人中有 8 人死亡、11 人受伤，直接经济损失 30 万元。经调查，承重螺栓安装不合理，造成螺栓实际承受的载荷远远超过材料能够承受的载荷；脚手架整体超重，实际载荷是原设计载荷的 2.7 倍；施工现场管理混乱，施工设计方案与现场实际情况不符，施工队伍管理松懈。

事件 2：该工程即将竣工验收前的某天凌晨两点左右，突然发生一起首层悬臂式雨篷根部突然断裂的恶性质量事故，雨篷悬挂在墙面上。幸好凌晨两点，未造成人员伤亡。经事故调查、原因分析，发现造成该质量事故的主要原因是施工队伍素质差，在施工时将受力钢筋位置错放在板底。

【问题】

1. 请简要分析事故发生的原因。此起重大事故可定为哪种等级的重大事故？依据是什么？

2. 如在此起事故中实施了工程监理，监理单位是否应承担责任？悬臂雨篷的钢筋应放置在什么部位？为什么？

3. 重大事故发生后，事故发生单位应在 24h 内写出书面报告，并按规定逐级上报。重大事故书面报告（初报表）应包括哪些内容？

4. 施工安全管理责任制中对项目经理的责任是如何规定的？

5. 脚手架工程交底与验收的程序是什么？

🔧 链接执考

【2018 年监理工程师考试，单项选择题】

1. 根据《建设工程安全生产管理条例》，关于施工单位安全责任的说法，正确的是（　　）。

A. 不得压缩合同约定的工期

B. 应当为施工现场人员办理意外伤害保险

C. 将安全生产保护措施报有关部门备案

D. 保证本单位安全生产条件所需资金的投入

参考答案：D

2. 根据《生产安全事故报告和调查处理条例》，某生产安全事故造成 5 人死亡，1 亿元直接经济损失，该生产安全事故属（　　）。

A. 特别重大事故　　　B. 重大事故　　　　C. 严重事故　　　　D. 较大事故

参考答案：A

建筑工程合同管理

【知识目标】

1. 了解建筑工程施工合同和监理合同。

2. 熟悉合同的基本结构和内容。

3. 掌握工程合同的内容。

【技能目标】

能够合法、合规地依据合同，履行个人职责，完成工作任务。

思维导图

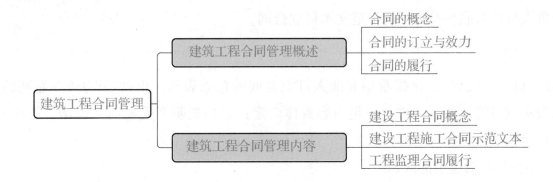

建筑工程合同管理

- 建筑工程合同管理概述
  - 合同的概念
  - 合同的订立与效力
  - 合同的履行
- 建筑工程合同管理内容
  - 建设工程合同概念
  - 建设工程施工合同示范文本
  - 工程监理合同履行

7.1 建筑工程合同管理概述

7.1.1 合同的概念

1. 合同的含义

我国《民法典》中所指的合同，是民事主体之间设立、变更、终止民事法律关系的协议。依法成立的合同，受法律保护。

2. 合同的适用范围

根据《民法典》第三篇合同第一分编通则的规定，婚姻、收养、监护等有关身份关系的协议，适用有关该身份关系的法律规定；没有规定的，可以根据其性质参照适用本编规定。

本法或者其他法律没有明文规定的合同，适用本编通则的规定，并可以参照适用本编或者其他法律最相类似合同的规定。

7.1.2 合同的订立与效力

合同的内容由当事人约定，一般包括当事人的姓名或者名称和住所，标的，数量，质量，价款或者报酬，履行期限、地点和方式，违约责任，解决争议的方法。

当事人可以参照各类合同的示范文本订立合同。

1. 要约

要约(即订约提议)，是指希望和他人订立合同的意思表示。根据《民法典》通则的规定该意思表示应当符合两个条件：一是内容具体确定；二是表明经受要约人承诺，要约人即受该意思表示约束。

(1)要约与要约邀请的区别

要约邀请是希望他人向自己发出要约的意思表示，不属于订立合同的行为。拍卖公告招标公告、招股说明书、债券募集办法、基金招募说明书、商业广告和宣传、寄送的价目表等，为要约邀请。

商业广告和宣传的内容符合要约条件的，构成要约。

（2）要约的生效

适用《民法典》第 137 条，【有相对人的意思表示生效时间】以对话方式作出的意思表示，相对人知道其内容时生效。

以非对话方式作出的意思表示，到达相对人时生效。以非对话方式作出的采用数据电文形式的意思表示，相对人指定特定系统接收数据电文的，该数据电文进入该特定系统时生效；未指定特定系统的，相对人知道或者应当知道该数据电文进入其系统时生效。当事人对采用数据电文形式的意思表示的生效时间另有约定的，按照其约定。

（3）要约的撤回、撤销和失效

要约可以撤回，撤回要约的通知应当在要约到达相对人前或者与要约同时到达相对人。

要约可以撤销，但是有以下情形之一的除外。

①要约人以确定承诺期限或者其他形式明示要约不可撤销。

②受要约人有理由认为要约是不可撤销的，并已经为履行合同做了合理准备工作。

撤销要约的意思表示以对话方式作出的，该意思表示的内容应当在受要约人作出承诺之前为受要约人所知道；撤销要约的意思表示以非对话方式作出的，应当在受要约人作出承诺之前到达受要约人。

有下列情形之一的，要约失效。

①要约被拒绝。

②要约被依法撤销。

③承诺期限届满，受要约人未作出承诺。

④受要约人对要约的内容作出实质性变更。

2. 承诺

承诺是受要约人同意要约的意思表示。承诺应当在要约确定的期限内到达要约人。

承诺应当以通知的方式作出，但是，根据交易习惯或者要约表明可以通过行为作出承诺的除外。

（1）承诺的期限

要约确定的期限称为承诺期限。要约以信件或者电报作出的，承诺期限自信件载明的日期或者电报交发之日开始计算。信件未载明日期的，自投寄该信件的邮戳日期开始计算。要约以电话、传真、电子邮件等快速通信方式作出的，承诺期限自要约到达受要约人时开始计算。

要约没有确定承诺期限的，承诺应当依照以下规定到达。

①要约以对话方式作出的，应当即时作出承诺。

②要约以非对话方式作出的，承诺应当在合理期限内到达。

（2）承诺的生效

以通知方式作出的承诺，生效的时间同要约的生效时间。

承诺不需要通知的，根据交易习惯或者要约的要求作出承诺的行为时生效。

承诺生效时合同成立，但是法律另有规定或者当事人另有约定的除外。

（3）承诺的撤回

承诺人发出承诺后反悔的，可以撤回承诺，其条件是撤回承诺的通知应当在承诺通知到达要约人之前或者与承诺通知同时到达要约人，即在承诺生效前到达要约人。

受要约人超过承诺期限发出承诺，或者在承诺期限内发出承诺，按照通常情形不能及时到达要约人的，为新要约；但是，要约人及时通知受要约人该承诺有效的除外。

受要约人在承诺期限内发出承诺，按照通常情形能够及时到达要约人，但是因其他原因致使承诺到达要约人时超过承诺期限的，除要约人及时通知受要约人因承诺超过期限不接受该承诺外，该承诺有效。

（4）承诺的内容

承诺的内容应当与要约的内容一致。受要约人对要约的内容作出实质性变更的，为新要约。有关合同标的、数量、质量、价款或者报酬、履行期限、履行地点和方式、违约责任和解决争议方法等的变更，是对要约内容的实质性变更。

承诺对要约的内容作出非实质性变更的，除要约人及时表示反对或者要约表明承诺不得对要约的内容作出任何变更外，该承诺有效，合同的内容以承诺的内容为准。

3. 合同成立的时间

当事人采用合同书形式订立合同的，当事人均自签名、盖章或者按指印时合同成立。在签名、盖章或者按指印之前，当事人一方已经履行主要义务，对方接受时，该合同成立。

法律、行政法规规定或者当事人约定合同应当采用书面形式订立，当事人未采用书面形式但是一方已经履行主要义务，对方接受时，该合同成立。

当事人采用信件、数据电文等形式订立合同要求签订确认书的，签订确认书时合同成立。

当事人一方通过互联网等信息网络发布的商品或者服务信息符合要约条件的，对方选择该商品或者服务并提交订单成功时合同成立，但是当事人另有约定的除外。

4. 合同成立的地点

承诺生效的地点为合同成立的地点。

采用数据电文形式订立合同的，收件人的主营业地为合同成立的地点；没有主营业地的，其住所地为合同成立的地点。当事人另有约定的，按照其约定。

当事人采用合同书形式订立合同的，最后签名、盖章或者按指印的地点为合同成立的地点，但是当事人另有约定的除外。

5. 预约合同

当事人约定在将来一定期限内订立合同的认购书、订购书、预订书等，构成预约合同。

当事人一方不履行预约合同约定的订立合同义务的，对方可以请求其承担预约合同的违约责任。

6. 合同的效力

依法成立的合同，自成立时生效，但是法律另有规定或者当事人另有约定的除外。

依照法律、行政法规的规定，合同应当办理批准等手续；合同的变更、转让、解除等情形应当办理批准等手续的，依照其规定。未办理批准等手续影响合同生效的，不影响合同中履行报批等义务条款以及相关条款的效力。应当办理申请批准等手续的当事人未履行义务的，对方可以请求其承担违反该义务的责任。

无权代理人以被代理人的名义订立合同，被代理人已经开始履行合同义务或者接受相对人履行的，视为对合同的追认。

法人的法定代表人或者非法人组织的负责人超越权限订立的合同，除相对人知道或者应当知道其超越权限外，该代表行为有效，订立的合同对法人或者非法人组织发生效力。

当事人超越经营范围订立的合同的效力，应当依照《民法典》第一编第六章第三节和第三编的有关规定确定，不得仅以超越经营范围确认合同无效。

合同中的以下免责条款无效。

(1)造成对方人身损害的。

(2)因故意或者重大过失造成对方财产损失的。

采用格式条款订立合同的，有下列情形之一的，该格式条款无效。

(1)具有《民法典》第一编第六章第三节和第五百零六条规定的无效情形。

(2)提供格式条款一方不合理地免除或者减轻其责任、加重对方责任、限制对方主要权利。

(3)提供格式条款一方排除对方主要权利。

合同不生效、无效、被撤销或者终止的，不影响合同中有关解决争议方法的条款的效力。

7.1.3 合同的履行

当事人应当按照约定全面履行自己的义务。当事人应当遵循诚信原则，根据合同的性质、目的和交易习惯履行通知、协助、保密等义务。

当事人在履行合同过程中，应当避免浪费资源、污染环境和破坏生态。

1. 合同的约定

合同约定不明时合同内容的确定规则如下。

合同生效后，当事人就质量、价款或者报酬、履行地点等内容没有约定或者约定不明确的，可以协议补充；不能达成补充协议的，按照合同相关条款或者交易习惯确定。就有关合同内容约定不明确，仍不能确定的，适用下列规定。

①质量要求不明确的，按照强制性国家标准履行；没有强制性国家标准的，按照推荐性国家标准履行；没有推荐性国家标准的，按照行业标准履行；没有国家标准、行业标准的，按照通常标准或者符合合同目的的特定标准履行。

②价款或者报酬不明确的，按照订立合同时履行地的市场价格履行；依法应当执行政府定价或者政府指导价的，依照规定履行。

③履行地点不明确，给付货币的，在接受货币一方所在地履行；交付不动产的，在不动产所在地履行；其他标的，在履行义务一方所在地履行。

④履行期限不明确的，债务人可以随时履行，债权人也可以随时请求履行，但是应当给对方必要的准备时间。

⑤履行方式不明确的，按照有利于实现合同目的的方式履行。

⑥履行费用的负担不明确的，由履行义务一方负担；因债权人原因增加的履行费用，由债权人负担。

2. 电子合同

通过互联网等信息网络订立的电子合同的标的为交付商品并采用快递物流方式交付的，收货人的签收时间为交付时间。电子合同的标的为提供服务的，生成的电子凭证或者实物凭证中载明的时间为提供服务时间；前述凭证没有载明时间或者载明时间与实际提供服务时间不一致的，以实际提供服务的时间为准。

电子合同的标的物为采用在线传输方式交付的，合同标的物进入对方当事人指定的特定系统且能够检索识别的时间为交付时间。

电子合同当事人对交付商品或者提供服务的方式、时间另有约定的，按照其约定。

3. 执行政府定价或者政府指导价及货币

执行政府定价或者政府指导价的，在合同约定的交付期限内政府价格调整时，按照交付时的价格计价。逾期交付标的物的，遇价格上涨时，按照原价格执行；价格下降时，按照新价格执行。逾期提取标的物或者逾期付款的，遇价格上涨时，按照新价格执行；价格下降时，按照原价格执行。

以支付金钱为内容的债，除法律另有规定或者当事人另有约定外，债权人可以请求债务人以实际履行地的法定货币履行。

4. 选择权

标的有多项而债务人只需履行其中一项的，债务人享有选择权；但是，法律另有规定、当事人另有约定或者另有交易习惯的除外。享有选择权的当事人在约定期限内或者履行期限届满未作选择，经催告后在合理期限内仍未选择的，选择权转移至对方。

当事人行使选择权应当及时通知对方，通知到达对方时，标的确定。标的确定后不得变更，但是经对方同意的除外。

可选择的标的发生不能履行情形的，享有选择权的当事人不得选择不能履行的标的，但是该不能履行的情形是由对方造成的除外。

5. 债权与债务

债权人为两人以上，标的可分，按照份额各自享有债权的，为按份债权；债务人为两人以上，标的可分，按照份额各自负担债务的，为按份债务。按份债权人或者按份债务人的份额难以确定的，视为份额相同。

6. 连带债权与连带债务

债权人为两人以上，部分或者全部债权人均可以请求债务人履行债务的，为连带债权；债务人为两人以上，债权人可以请求部分或者全部债务人履行全部债务的，为连带债务。

连带债权或者连带债务，由法律规定或者当事人约定连带债务人之间的份额难以确定的，视为份额相同。实际承担债务超过自己份额的连带债务人，有权就超出部分在其他连带债务人未履行的份额范围内向其追偿，并相应地享有债权人的权利，但是不得损害债权人的利益。其他连带债务人对债权人的抗辩，可以向该债务人主张。

被追偿的连带债务人不能履行其应分担份额的，其他连带债务人应当在相应范围内按比例分担。

部分连带债务人履行、抵消债务或者提存标的物的，其他债务人对债权人的债务在相应范围内消灭；该债务人可以依据前条规定向其他债务人追偿。

部分连带债务人的债务被债权人免除的，在该连带债务人应当承担的份额范围内，其他债务人对债权人的债务消灭。

部分连带债务人的债务与债权人的债权同归于一人的，在扣除该债务人应当承担的份额后，债权人对其他债务人的债权继续存在。

债权人对部分连带债务人的给付受领迟延的，对其他连带债务人发生效力。

连带债权人之间的份额难以确定的，视为份额相同。实际受领债权的连带债权人，应当按比例向其他连带债权人返还。

7. 向第三人履行和由第三人履行

当事人约定由债务人向第三人履行债务，债务人未向第三人履行债务或者履行债务不符合约定的，应当向债权人承担违约责任。

法律规定或者当事人约定第三人可以直接请求债务人向其履行债务，第三人未在合理期限内明确拒绝，债务人未向第三人履行债务或者履行债务不符合约定的，第三人可以请求债务人承担违约责任；债务人对债权人的抗辩，可以向第三人主张。

当事人约定由第三人向债权人履行债务，第三人不履行债务或者履行债务不符合约定的，债务人应当向债权人承担违约责任。

债务人不履行债务，第三人对履行该债务具有合法利益的，第三人有权向债权人代为履行；但是，根据债务性质、按照当事人约定或者依照法律规定只能由债务人履行的除外。

债权人接受第三人履行后，其对债务人的债权转让给第三人，但是债务人和第三人另有约定的除外。

8. 合同履行顺序

当事人互负债务，没有先后履行顺序的，应当同时履行。一方在对方履行之前有权拒绝其履行请求。一方在对方履行债务不符合约定时，有权拒绝其相应的履行请求。

当事人互负债务，有先后履行顺序，应当先履行债务一方未履行的，后履行一方有权拒绝其履行请求。先履行一方履行债务不符合约定的，后履行一方有权拒绝其相应的履行请求。

9. 中止履行、提前履行与部分履行

（1）中止履行

①债权人分立、合并或者变更住所没有通知债务人，致使履行债务发生困难的，债务人可以中止履行或者将标的物提存。

②应当先履行债务的当事人，有确切证据证明对方有下列情形之一的，可以中止履行。

A. 经营状况严重恶化。

B. 转移财产、抽逃资金，以逃避债务。

C. 丧失商业信誉。

D. 有丧失或者可能丧失履行债务能力的其他情形。

当事人没有确切证据中止履行的，应当承担违约责任。

③当事人依据规定中止履行的，应当及时通知对方。对方提供适当担保的，应当恢复履行。中止履行后，对方在合理期限内未恢复履行能力且未提供适当担保的，视为以自己的行为表明不履行主要债务，中止履行的一方可以解除合同并可以请求对方承担违约责任。

（2）提前履行

债权人可以拒绝债务人提前履行债务，但是提前履行不损害债权人利益的除外。债务人提前履行债务给债权人增加的费用，由债务人负担。

（3）部分履行

债权人可以拒绝债务人部分履行债务，但是部分履行不损害债权人利益的除外。债务人部分履行债务给债权人增加的费用，由债务人负担。

10. 其他情况

①合同生效后，当事人不得因姓名、名称的变更或者法定代表人、负责人、承办人的变

动而不履行合同义务。

②合同成立后，合同的基础条件发生了当事人在订立合同时无法预见的、不属于商业风险的重大变化，继续履行合同对于当事人一方明显不公平的，受不利影响的当事人可以与对方重新协商；在合理期限内协商不成的，当事人可以请求人民法院或者仲裁机构变更或者解除合同。

人民法院或者仲裁机构应当结合案件的实际情况，根据公平原则变更或者解除合同。

③对当事人利用合同实施危害国家利益、社会公共利益行为的，市场监督管理和其他有关行政主管部门依照法律、行政法规的规定负责监督处理。

11. 合同的保全

（1）代位权与抗辩权

因债务人怠于行使其债权或者与该债权有关的从权利，影响债权人的到期债权实现的，债权人可以向人民法院请求以自己的名义代位行使债务人对相对人的权利，但是该权利专属于债务人自身的除外。

代位权的行使范围以债权人的到期债权为限。债权人行使代位权的必要费用，由债务人负担。相对人对债务人的抗辩，可以向债权人主张。

债权人的债权到期前，债务人的债权或者与该债权有关的从权利存在诉讼时效期间即将届满或者未及时申报破产债权等情形，影响债权人的债权实现的，债权人可以代位向债务人的相对人请求其向债务人履行、向破产管理人申报或者作出其他必要的行为。

人民法院认定代位权成立的，由债务人的相对人向债权人履行义务，债权人接受履行后，债权人与债务人、债务人与相对人之间相应的权利义务终止。债务人对相对人的债权或者与该债权有关的从权利被采取保全、执行措施，或者债务人破产的，依照相关法律的规定处理。

（2）撤销权及时效

撤销权的行使范围以债权人的债权为限。债权人行使撤销权的必要费用，由债务人负担。

债务人以放弃其债权、放弃债权担保、无偿转让财产等方式无偿处分财产权益，或者恶意延长其到期债权的履行期限，影响债权人的债权实现的，债权人可以请求人民法院撤销债务人的行为。

债务人以明显不合理的低价转让财产、以明显不合理的高价受让他人财产或者为他人的债务提供担保，影响债权人的债权实现，债务人的相对人知道或者应当知道该情形的，债权人可以请求人民法院撤销债务人的行为。

撤销权自债权人知道或者应当知道撤销事由之日起一年内行使。自债务人的行为发生之日起五年内没有行使撤销权的，该撤销权消灭。

债务人影响债权人的债权实现的行为被撤销的，自始没有法律约束力。

🔍 12. 合同的变更和转让

（1）合同变更

当事人协商一致，可以变更合同。当事人对合同变更的内容约定不明确的，推定为未变更。

（2）合同转让

债权人可以将债权的全部或者部分转让给第三人，但是有下列情形之一的除外。

①根据债权性质不得转让。

②按照当事人约定不得转让。

③依照法律规定不得转让。

当事人约定非金钱债权不得转让的，不得对抗第三人。当事人约定金钱债权不得转让的，不得对抗第三人。

债权人转让债权，未通知债务人的，该转让对债务人不发生效力。债权转让的通知不得撤销，但是经受让人同意的除外。

债权人转让债权的，受让人取得与债权有关的从权利，但是该从权利专属于债权人自身的除外。受让人取得从权利不因该从权利未办理转移登记手续或者未转移占有而受到影响。

债务人接到债权转让通知后，债务人对让与人的抗辩，可以向受让人主张。有下列情形之一的，债务人可以向受让人主张抵消。

①债务人接到债权转让通知时，债务人对让与人享有债权，且债务人的债权先于转让的债权到期或者同时到期。

②债务人的债权与转让的债权是基于同一合同产生。

因债权转让增加的履行费用，由让与人负担。

债务人将债务的全部或者部分转移给第三人的，应当经债权人同意。债务人或者第三人可以催告债权人在合理期限内予以同意，债权人未作表示的，视为不同意。

第三人与债务人约定加入债务并通知债权人，或者第三人向债权人表示愿意加入债务，债权人未在合理期限内明确拒绝的，债权人可以请求第三人在其愿意承担的债务范围内和债务人承担连带债务。

债务人转移债务的，新债务人可以主张原债务人对债权人的抗辩；原债务人对债权人享有债权的，新债务人不得向债权人主张抵消。债务人转移债务的，新债务人应当承担与主债务有关的从债务，但是该从债务专属于原债务人自身的除外。

当事人一方经对方同意，可以将自己在合同中的权利和义务一并转让给第三人。

（3）合同的权利义务终止

有下列情形之一的，合同的债权债务终止。

①债务已经履行。

②债务相互抵消。

③债务人依法将标的物提存。

④债权人免除债务。

⑤债权债务同归于一人。

⑥法律规定或者当事人约定终止的其他情形。

合同解除的，该合同的权利义务关系终止。

债权债务终止后，当事人应当遵循诚信等原则，根据交易习惯履行通知、协助、保密、旧物回收等义务。

债权债务终止时，债权的从权利同时消灭，但是法律另有规定或者当事人另有约定的除外。

债务人对同一债权人负担的数项债务种类相同，债务人的给付不足以清偿全部债务的，除当事人另有约定外，由债务人在清偿时指定其履行的债务。

债务人未作指定的，应当优先履行已经到期的债务；数项债务均到期的，优先履行对债权人缺乏担保或者担保最少的债务；均无担保或者担保相等的，优先履行债务人负担较重的债务；负担相同的，按照债务到期的先后顺序履行；到期时间相同的，按照债务比例履行。

债务人在履行主债务外还应当支付利息和实现债权的有关费用，其给付不足以清偿全部债务的，除当事人另有约定外，应当按照下列顺序履行。

①实现债权的有关费用。

②利息。

③主债务。

🔑 13. 合同解除

当事人协商一致，可以解除合同。当事人可以约定一方解除合同的事由。解除合同的事由发生时，解除权人可以解除合同。有下列情形之一的，当事人可以解除合同。

①因不可抗力致使不能实现合同目的。

②在履行期限届满前，当事人一方明确表示或者以自己的行为表明不履行主要债务。

③当事人一方迟延履行主要债务，经催告后在合理期限内仍未履行。

④当事人一方迟延履行债务或者有其他违约行为致使不能实现合同目的。

⑤法律规定的其他情形。

以持续履行的债务为内容的不定期合同，当事人可以随时解除合同，但是应当在合理期限之前通知对方。

法律规定或者当事人约定解除权行使期限，期限届满当事人不行使的，该权利消灭。法律没有规定或者当事人没有约定解除权行使期限，自解除权人知道或者应当知道解除事由之日起一年内不行使，或者经对方催告后在合理期限内不行使的，该权利消灭。

当事人一方依法主张解除合同的，应当通知对方。合同自通知到达对方时解除；通知载明债务人在一定期限内不履行债务则合同自动解除，债务人在该期限内未履行债务的，合同自通知载明的期限届满时解除。对方对解除合同有异议的，任何一方当事人均可以请求人民法院或者仲裁机构确认解除行为的效力。

当事人一方未通知对方，直接以提起诉讼或者申请仲裁的方式依法主张解除合同，人民法院或者仲裁机构确认该主张的，合同自起诉状副本或者仲裁申请书副本送达对方时解除。

合同解除后，尚未履行的，终止履行；已经履行的，根据履行情况和合同性质，当事人可以请求恢复原状或者采取其他补救措施，并有权请求赔偿损失。

合同因违约解除的，解除权人可以请求违约方承担违约责任，但是当事人另有约定的除外。

主合同解除后，担保人对债务人应当承担的民事责任仍应当承担担保责任，但是担保合同另有约定的除外。

合同的权利义务关系终止，不影响合同中结算和清理条款的效力。

14. 抵消

当事人互负债务，该债务的标的物种类、品质相同的，任何一方可以将自己的债务与对方的到期债务抵消；但是，根据债务性质、按照当事人约定或者依照法律规定不得抵消的除外。

当事人主张抵消的，应当通知对方。通知自到达对方时生效。抵消不得附条件或者附期限。

当事人互负债务，标的物种类、品质不相同的，经协商一致，也可以抵消。

15. 提存

有下列情形之一，难以履行债务的，债务人可以将标的物提存。

①债权人无正当理由拒绝受领。

②债权人下落不明。

③债权人死亡未确定继承人、遗产管理人，或者丧失民事行为能力未确定监护人。

④法律规定的其他情形。

标的物不适于提存或者提存费用过高的，债务人依法可以拍卖或者变卖标的物，提存所得的价款。

债务人将标的物或者将标的物依法拍卖、变卖所得价款交付提存部门时，提存成立。提存成立的，视为债务人在其提存范围内已经交付标的物。

标的物提存后，债务人应当及时通知债权人或者债权人的继承人、遗产管理人、监护人、财产代管人。标的物提存后，毁损、灭失的风险由债权人承担。提存期间，标的物的利息归债权人所有。提存费用由债权人负担。

债权人可以随时领取提存物。但是，债权人对债务人负有到期债务的，在债权人未履行债务或者提供担保之前，提存部门根据债务人的要求应当拒绝其领取提存物。

债权人领取提存物的权利，自提存之日起五年内不行使而消灭，提存物扣除提存费用后归国家所有。但是，债权人未履行对债务人的到期债务，或者债权人向提存部门书面表示放弃领取提存物权利的，债务人负担提存费用后有权取回提存物。

债权人免除债务人部分或者全部债务的，债权债务部分或者全部终止，但是债务人在合理期限内拒绝的除外。债权和债务同归于一人的，债权债务终止，但是损害第三人利益的除外。

16. 合同的违约责任

当事人一方不履行合同义务或者履行合同义务不符合约定的，应当承担继续履行、采取补救措施或者赔偿损失等违约责任。

17. 继续履行

当事人一方明确表示或者以自己的行为表明不履行合同义务的，对方可以在履行期限届满前请求其承担违约责任。

当事人一方未支付价款、报酬、租金、利息，或者不履行其他金钱债务的，对方可以请求其支付。

当事人一方不履行非金钱债务或者履行非金钱债务不符合约定的，对方可以请求履行，但是有下列情形之一的除外。

①法律上或者事实上不能履行。

②债务的标的不适于强制履行或者履行费用过高。

③债权人在合理期限内未请求履行。

有前款规定的除外情形之一，致使不能实现合同目的的，人民法院或者仲裁机构可以根据当事人的请求终止合同权利义务关系，但是不影响违约责任的承担。

18. 补救措施

当事人一方违约后，对方应当采取适当措施防止损失的扩大；没有采取适当措施致使损失扩大的，不得就扩大的损失请求赔偿。当事人因防止损失扩大而支出的合理费用，由违约方负担。

当事人一方不履行债务或者履行债务不符合约定，根据债务的性质不得强制履行的，对方可以请求其负担由第三人替代履行的费用。

履行不符合约定的，应当按照当事人的约定承担违约责任。对违约责任没有约定或者约定不明确，依据《民法典》第510条的规定仍不能确定的，受损害方根据标的的性质以及损失的大小，可以合理选择请求对方承担修理、重作、更换、退货、减少价款或者报酬等违约责任。

19. 赔偿损失

当事人一方不履行合同义务或者履行合同义务不符合约定的，在履行义务或者采取补救措施后，对方还有其他损失的，应当赔偿损失。

当事人一方不履行合同义务或者履行合同义务不符合约定，造成对方损失的，损失赔偿额应当相当于因违约所造成的损失，包括合同履行后可以获得的利益；但是，不得超过违约一方订立合同时预见到或者应当预见到的因违约可能造成的损失。

当事人都违反合同的，应当各自承担相应的责任。当事人一方违约造成对方损失，对方对损失的发生有过错的，可以减少相应的损失赔偿额。

20. 违约金

当事人可以约定一方违约时应当根据违约情况向对方支付一定数额的违约金，也可以约定因违约产生的损失赔偿额的计算方法。

约定的违约金低于造成的损失的，人民法院或者仲裁机构可以根据当事人的请求予以增加；约定的违约金过分高于造成的损失的，人民法院或者仲裁机构可以根据当事人的请求予以适当减少。

当事人就迟延履行约定违约金的，违约方支付违约金后，还应当履行债务。

21. 定金

当事人可以约定一方向对方给付定金作为债权的担保。定金合同自实际交付定金时成立。

定金的数额由当事人约定；但是，不得超过主合同标的额的 20%，超过部分不产生定金的效力。实际交付的定金数额多于或者少于约定数额的，视为变更约定的定金数额。

债务人履行债务的，定金应当抵作价款或者收回。给付定金的一方不履行债务或者履行债务不符合约定，致使不能实现合同目的的，无权请求返还定金；收受定金的一方不履行债务或者履行债务不符合约定，致使不能实现合同目的的，应当双倍返还定金。

定金不足以弥补一方违约造成的损失的，对方可以请求赔偿超过定金数额的损失。

当事人既约定违约金，又约定定金的，一方违约时，对方可以选择适用违约金或者定金条款。

22. 免责

债务人按照约定履行债务，债权人无正当理由拒绝受领的，债务人可以请求债权人赔偿增加的费用。在债权人受领迟延期间，债务人无须支付利息。

当事人一方因不可抗力不能履行合同的，根据不可抗力的影响，部分或者全部免除责任但是法律另有规定的除外。因不可抗力不能履行合同的，应当及时通知对方，以减轻可能给对方造成的损失，并应当在合理期限内提供证明。当事人迟延履行后发生不可抗力的，不免除其违约责任。

当事人一方因第三人的原因造成违约的，应当依法向对方承担违约责任。当事人一方和第三人之间的纠纷，依照法律规定或者按照约定处理。

因国际货物买卖合同和技术进出口合同争议提起诉讼或者申请仲裁的时效期间为四年。

7.2 建筑工程合同管理内容

7.2.1 建设工程合同概念

【建设工程合同定义和种类】

建设工程合同是承包人进行工程建设，发包人支付价款的合同。

建设工程合同包括工程勘察、设计、施工合同。

【建设工程合同的形式】建设工程合同应当采用书面形式。

【建设工程招投标活动的原则】建设工程的招标投标活动，应当依照有关法律的规定公开、公平、公正进行。

【建设工程的发包、承包、分包】发包人可以与总承包人订立建设工程合同，也可以分别与勘察人、设计人、施工人订立勘察、设计、施工承包合同。发包人不得将应当由一个承包人完成的建设工程肢解成若干部分发包给数个承包人。

总承包人或者勘察、设计、施工承包人经发包人同意，可以将自己承包的部分工作交由第三人完成。第三人就其完成的工作成果与总承包人或者勘察、设计、施工承包人向发包人承担连带责任。承包人不得将其承包的全部建设工程转包给第三人或者将其承包的全部建设工程肢解以后以分包的名义分别转包给第三人。

禁止承包人将工程分包给不具备相应资质条件的单位。禁止分包单位将其承包的工程再分包。建设工程主体结构的施工必须由承包人自行完成。

【订立国家重大建设工程合同】国家重大建设工程合同，应当按照国家规定的程序和国家批准的投资计划、可行性研究报告等文件订立。

【建设工程合同无效、验收不合格的处理】建设工程施工合同无效，但是建设工程经验收合格的，可以参照合同关于工程价款的约定折价补偿承包人。

建设工程施工合同无效，且建设工程经验收不合格的，按照以下情形处理。

①修复后的建设工程经验收合格的，发包人可以请求承包人承担修复费用。

②修复后的建设工程经验收不合格的，承包人无权请求参照合同关于工程价款的约定折价补偿。

发包人对因建设工程不合格造成的损失有过错的，应当承担相应的责任。

【勘察、设计合同的内容】勘察、设计合同的内容一般包括提交有关基础资料和概预算等文件的期限、质量要求、费用以及其他协作条件等条款。

【施工合同的内容】施工合同的内容一般包括工程范围、建设工期、中间交工工程的开工和竣工时间、工程质量、工程造价、技术资料交付时间、材料和设备供应责任、拨款和结算、竣工验收、质量保修范围和质量保证期、相互协作等条款。

【建设工程监理】建设工程实行监理的，发包人应当与监理人采用书面形式订立委托监理合同。发包人与监理人的权利和义务以及法律责任，应当依照本编委托合同以及其他有关法律、行政法规的规定。

【发包人的检查权】发包人在不妨碍承包人正常作业的情况下，可以随时对作业进度、质量进行检查。

【隐蔽工程】隐蔽工程在隐蔽以前，承包人应当通知发包人检查。发包人没有及时检查的，承包人可以顺延工程日期，并有权请求赔偿停工、窝工等损失。

【建设工程的竣工验收】建设工程竣工后，发包人应当根据施工图纸及说明书、国家颁发的施工验收规范和质量检验标准及时进行验收。验收合格的，发包人应当按照约定支付价款，并接收该建设工程。

建设工程竣工经验收合格后，方可交付使用；未经验收或者验收不合格的，不得交付使用。

【勘察人、设计人对勘察、设计的责任】勘察、设计的质量不符合要求或者未按照期限提交勘察、设计文件拖延工期，造成发包人损失的，勘察人、设计人应当继续完善勘察、设计，减收或者免收勘察、设计费并赔偿损失。

【施工人对建设工程质量承担的民事责任】因施工人的原因致使建设工程质量不符合约定的，发包人有权请求施工人在合理期限内无偿修理或者返工、改建。经过修理或者返工、改建后，造成逾期交付的，施工人应当承担违约责任。

【合理使用期限内质量保证责任】因承包人的原因致使建设工程在合理使用期限内造成人身损害和财产损失的，承包人应当承担赔偿责任。

【发包人未按约定的时间和要求提供相关物资的违约责任】发包人未按照约定的时间和要求提供原材料、设备、场地、资金、技术资料的，承包人可以顺延工程日期，并有权请求赔偿停工、窝工等损失。

【因发包人原因造成工程停建、缓建所应承担责任】因发包人的原因致使工程中途停建缓建的，发包人应当采取措施弥补或者减少损失，赔偿承包人因此造成的停工、窝工、倒运、机械设备调迁、材料和构件积压等损失和实际费用。

【因发包人原因造成勘察、设计的返工、停工或者修改设计所应承担责任】因发包人变更计划，提供的资料不准确，或者未按照期限提供必需的勘察、设计工作条件而造成勘察、设计的返工、停工或者修改设计，发包人应当按照勘察人、设计人实际消耗的工作量增付费用。

【合同解除及后果处理的规定】承包人将建设工程转包、违法分包的，发包人可以解除合同。

发包人提供的主要建筑材料、建筑构配件和设备不符合强制性标准或者不履行协助义务，致使承包人无法施工，经催告后在合理期限内仍未履行相应义务的，承包人可以解除合同。

合同解除后，已经完成的建设工程质量合格的，发包人应当按照约定支付相应的工程价款；已经完成的建设工程质量不合格的，参照本法第793条的规定处理。

【发包人未支付工程价款的责任】发包人未按照约定支付价款的，承包人可以催告发包人在合理期限内支付价款。发包人逾期不支付的，除根据建设工程的性质不宜折价、拍卖外，承包人可以与发包人协议将该工程折价，也可以请求人民法院将该工程依法拍卖。建设工程的价款就该工程折价或者拍卖的价款优先受偿。

7.2.2 建设工程施工合同示范文本

2017年10月1日《建设工程施工合同(示范文本)》(GF-2013-0201)进行了修订，制定了《建设工程施工合同(示范文本)》(GF-2017-0201)(以下简称《示范文本》)。

《示范文本》适用于房屋建筑工程、土木工程、线路管道和设备安装工程、装修工程等建设工程的施工承发包活动，合同当事人可结合建设工程具体情况，根据《示范文本》订立合同，并按照法律法规规定和合同约定承担相应的法律责任及合同权利义务。

《示范文本》由《协议书》《通用条款》《专用条款》三部分组成，并附有11个附件。

1. 施工承包合同文件的组成及解释顺序

(1)施工合同文件的组成

组成建设工程施工合同的文件包括。

①施工合同协议书。

②中标通知书。

③投标书及其附件。

④施工合同专用条款。

⑤施工合同通用条款。

⑥标准、规范及有关技术文件。

⑦图纸。

⑧已标价工程量清单或预算书。

⑨其他合同文件。

双方有关工程的洽商、变更等书面协议或文件视为协议书的组成部分。

（2）施工合同文件的解释顺序

上述合同文件应能够互相解释、互相说明。当合同文件中出现不一致时，上面的顺序就是合同的优先解释顺序。当合同文件出现含糊不清或者当事人有不同理解时，按照合同争议的解决方式处理。

2. 施工承包合同中发包人的责任与义务

①发包人应按照专用合同条款约定的期限、数量和内容向承包人免费提供图纸，并组织承包人、监理人和设计人进行图纸会审和设计交底。

②根据施工需要，负责取得出入施工现场所需的批准手续和全部权利，以及取得因施工所需修建道路、桥梁以及其他基础设施的权利，并承担相关手续费用和建设费用。

③发包人应提供场外交通设施的技术参数和具体条件，场外交通设施无法满足工程施工需要的，由发包人负责完善并承担相关费用。

④办理法律规定由其办理的许可、批准或备案，包括但不限于建设用地规划许可证、建设工程规划许可证、建设工程施工许可证、施工所需临时用水、临时用电、中断道路交通、临时占用土地等许可和批准。发包人应协助承包人办理法律规定的有关施工证件和批件。

⑤发包人应最迟于开工日期 7 日前向承包人移交施工现场。

⑥发包人应负责提供施工所需要的条件，包括：将施工用水、电力、通信线路等施工所必需的条件接至施工现场内；保证向承包人提供正常施工所需要的进入施工现场的交通条件；协调处理施工现场周围地下管线和邻近建筑物、构筑物、古树名木的保护工作，并承担相关费用；按照专用合同条款约定应提供的其他设施和条件。

⑦提供施工现场及工程施工所必需的毗邻区域内供水、排水、供电、供气、供热、通信、广播电视等地下管线资料，气象和水文观测资料，地质勘察资料，相邻建筑物、构筑物和地下工程等有关基础资料。

⑧按合同约定向承包人及时支付合同价款。

⑨按合同约定及时组织竣工验收。

3. 施工承包合同中承包人的责任与义务

承包人在履行合同过程中应遵守法律和工程建设标准规范，并履行以下义务。

①办理法律规定应由承包人办理的许可和批准，并将办理结果书面报送发包人留存。

②按法律规定和合同约定完成工程，并在保修期内承担保修义务。

③按法律规定和合同约定采取施工安全和环境保护措施，办理工伤保险，确保工程及人员、材料、设备和设施的安全。

④按合同约定的工作内容和施工进度要求，编制施工组织设计和施工措施计划，并对所有施工作业和施工方法的完备性和安全可靠性负责。

⑤在进行合同约定的各项工作时，不得侵害发包人与他人使用公用道路、水源、市政管网等公共设施的权利，避免对邻近的公共设施产生干扰。承包人占用或使用他人的施工场地，影响他人作业或生活的，应承担相应责任。

⑥按照环境保护约定负责施工场地及其周边环境与生态的保护工作。

⑦按安全文明施工约定采取施工安全措施，确保工程及其人员、材料、设备和设施的安全，防止因工程施工造成的人身伤害和财产损失。

⑧将发包人按合同约定支付的各项价款专用于合同工程，且应及时支付其雇用人员工资，并及时向分包人支付合同价款。

⑨按照法律规定和合同约定编制竣工资料，完成竣工资料立卷及归档，并按专用合同条款约定的竣工资料的套数、内容、时间等要求移交发包人。

⑩应履行的其他义务。

委托监理合同

建设工程实行监理的，发包人应当与监理人采用书面形式订立委托监理合同。发包人与监理人的权利和义务以及法律责任，应当依照《民法典》第三篇第二十三章委托合同以及其他有关法律、行政法规的规定。

工程实行监理的，发包人和承包人应在专用合同条款中明确监理人的监理内容及监理权限等事项。监理人应当根据发包人授权及法律规定，代表发包人对工程施工相关事项进行检查、查验、审核、验收，并签发相关指示，但监理人无权修改合同，且无权减轻或免除合同约定的承包人的任何责任与义务。

委托合同是委托人和受托人约定，由受托人处理委托人事务的合同。委托人可以特别委托受托人处理一项或者数项事务，也可以委托受托人处理一切事务。

4. 建设工程委托监理合同（示范文本）

建设工程委托监理合同是一种专业性很强的合同，为此房和城乡建设部、国家工商行政管理总局对《建设工程委托监理合同（示范文本）》（GF-2000-2002）进行了修订，制定了《建设工程监理合同（示范文本）》（GF-2012-0202）。

组成本合同的文件

1. 协议书

2. 中标通知书（适用于招标工程）或委托书（适用于非招标工程）

3. 投标文件（适用于招标工程）或监理与相关服务建议书（适用于非招标工程）

4. 专用条件

5. 通用条件

6. 附录

附录 A 相关服务的范围和内容

附录 B 委托人派遣的人员和提供的房屋、资料、设备

本合同签订后，双方依法签订的补充协议也是本合同文件的组成部分。

7.2.3 工程监理合同履行

1. 监理合同的范围

建筑监理委托范围可以是整个建筑工程项目，也可以是某个施工标段。监理合同应包括监理单位对建设工程质量、造价、进度进行项目控制和管理的条款。可在监理合同范本专用条件部分有关监理范围和监理工作的内容的条款中进行约定，明确建设工程监理的具体范围。

2. 项目监理机构的组成人员

项目监理机构的组建应满足合同要求及工作需要，并配备必要的检测设备及仪器。《建设工程监理规范》对各类监理人员都作了相应的资质要求，监理单位派出的监理人员应符合《建设工程监理规范》的要求。项目监理机构应由总监理工程师、专业监理工程师和监理员组成。总监理工程师必须由注册监理工程师担任，必要时可设总监理工程师代表。在监理合同履行过程中，总监理工程师及重要岗位监理人员应保持相对稳定，以保证监理工作正常进行。项目监理机构可根据工程各节段进展工作内容的要求调整项目监理机构人员。过程中需要更换总监理工程师的，应提前 7 日向委托人书面报告，经委托人同意后方可更换。因工程需要更换项目监理机构其他监理人员，将更换情况通知委托人。

3. 合同的职责履行

项目监理机构应严格按照法律法规、工程建设有关标准及监理合同履行职责。

①监理人应在专用条件约定的授权范围内，充分发挥协调作用。与委托人、施工承包人及其他合同参建各方人员协商解决。应及时处置委托人、施工承包人及有关各方的意见和要求。

②合同的变更事宜。如果变更超过授权范围，在处理合同变更问题前，应以书面形式报委托人批准。

③项目监理机构有权要求施工承包人及其他合同参建各方人员调换其不能胜任本职工作的人员。

④委托人与施工承包人及其他合同参建各方人员发生合同争议的，首先应通过协商、调解等方式解决。如果协商、调解不成而通过仲裁或诉讼途径解决的，监理人应按仲裁机构或

法院要求提供必要的证明材料。

⑤相关文件资料的管理。

a. 项目监理机构应按专用条件约定的种类、时间和份数向委托人提交监理与相关服务的报告，包括：监理规划、监理月报，还可根据需要提交专项报告、工程质量评估报告等。

b. 在监理合同履行期内，项目监理机构应在现场保留工作所用的图纸、报告及记录监理工作的相关文件。工程竣工后，应当按照档案管理规定将监理有关文件整理、归档。

c. 项目监理机构应设专人负责建设工程监理文件资料管理工作。建筑工程施工过程中形成的监理资料，是监理工作的重要证明依据，也是衡量建筑工程监理效果的重要证据。

🔧 基础考核

一、单项选择题(每题的备选项中，只有1个最符合题意)

1. 担保方式中的保证，实际运用过程中应理解为( )。

A. 债务人和债权人约定，债务人向债权人保证履行合同义务

B. 债务人和债权人约定，当债务人不履行债务时，由保证人代为履行债务

C. 保证人和债权人约定，当债务人不履行债务时，保证人按约定履行债务

D. 保证人和债务人约定，当债务人不履行债务时，保证人按约定履行债务

2. 合同公证与鉴证的相同点是( )。

A. 目的、法律效力、原则   B. 范围、性质、目的

C. 目的、原则、内容   D. 法律效力、目的、性质

3. 接受要约的承诺人要使发出的承诺不产生法律效力，则撤回承诺的通知应当在( )到达要约人。

A. 要约到达受要约人之前   B. 承诺通知到达要约人之前

C. 承诺通知发出之前   D. 承诺通知到达要约人之后

4. 由于业主提供的设计图纸错误导致分包工程返工，为此分包商向承包商提出索赔。承包商( )。

A. 因不属于自己的原因拒绝索赔要求

B. 认为要求合理，先行支付后再向业主索要

C. 不予支付，以自己的名义向工程师提交索赔报告

D. 不予支付，以分包商的名义向工程师提交索赔报告

5. 工程建设单位与某设计单位签订合同，购买该设计单位已完成设计的图纸，该合同法律关系的客体是( )。

A. 物   B. 财   C. 行为   D. 智力成果

二、多项选择题(每题的备选项中,有2个或2个以上符合题意,至少有1个错项)

1. 在(　　　　)履行过程中发生债权债务,债权人有权行使留置。

A. 买卖合同　　　　B. 保管合同　　　　C. 运输合同　　　　D. 加工承揽合同

E. 施工合同

2. 合同可以终止的情况有(　　　　)。

A. 合同解除　　　　　　　　　　　　B. 债务相互抵消

C. 债权人免除债务　　　　　　　　　D. 债权债务同归于一人

E. 债权人未请求履行

3. 合同法律关系的主体包括(　　　　)。

A. 自然人　　　　B. 法人　　　　C. 行为　　　　D. 权利

E. 事件

4. 合同履行中,承担违约责任的方式包括(　　　　)等。

A. 继续履行　　　　B. 采取补救措施　　　　C. 赔偿损失　　　　D. 返还财产

E. 追缴财产,收归国有

🔧 技能实训

某建设工程项目,建设单位委托某监理公司负责施工阶段的监理工作,目前该工程正在施工。

在工程施工中发生如下事件:

事件1:监理工程师在施工准备阶段组织了施工图纸的会审,施工过程中发现由于施工图的错误,造成承包商停工2天,承包商提出工期费用索赔报告。业主代表认为监理工程师对图纸会审监理不力,提出要扣监理费1 000元。

事件2:监理工程师在施工准备阶段,审核了承包商的施工组织设计并批准实施,施工过程中发现施工组织设计有错误,造成停工一天,承包商认为:施工组织设计监理工程师已审核批准,现在出现错误是监理工程师的责任。承包商向监理工程师提出工期费用索赔。业主代表认为监理工程师监理不力,提出要扣监理费1 000元。

事件3:由于承包商的错误造成了返工。承包商向监理工程师提出工期费用索赔,业主代表认为监理工程师对工程质量监理不力。提出要扣监理费1 000元。

事件4:监理工程师检查了承包商的隐蔽工程,并按合格签证验收。但是事后再检查发现不合格。承包商认为:隐蔽工程监理工程师已按合格签证验收,现在却断为不合格,是监理工程师的责任造成的。承包商向监理工程师提出工期费用索赔报告。业主代表认为监理工程师对工程质量监理不力,提出要扣监理费1 000元。

事件5：监理工程师检查了承包商的管材并签证了合格可以使用，事后发现承包商在施工中使用的管材不是送检的管材，重新检验后不合格，立刻向承包商下达停工令，随后下达了监理通知书，指令承包商返工，把不合格的管材立即撤出工地，按第一次检验样品进货并报监理工程师，重新检验合格后才可用于工程。为此停工2天，承包商损失5万元。承包商向监理工程师提出工期费用索赔报告。业主代表认为，监理工程师对工程质量监理不力，提出要扣监理费1 000元。

【问题】

1. 事件1中，监理工程师怎样处理索赔报告？监理工程师承担什么责任？设计院承担什么责任？承包商承担什么责任？业主承担什么责任？业主扣监理费对吗？

2. 事件2中，监理工程师怎样处理索赔报告？设计院承担什么责任？监理工程师承担什么责任？承包商承担什么责任？业主承担什么责任？业主扣监理费对吗？

3. 事件3中，监理工程师怎样处理索赔报告？监理工程师承担什么责任？设计院承担什么责任？承包商承担什么责任？业主承担什么责任。业主扣监理费对吗？

4. 事件4中，监理工程师怎样处理索赔报告？监理工程师承担什么责任？承包商承担什么责任？业主承担什么责任？

5. 事件5中，监理工程师怎样处理索赔报告？监理工程师承担什么责任？承包商承担什么责任？业主承担什么责任？

🔧 链接执考

【2019年监理工程师考试，单项选择题】

1. 根据《标准施工招标文件》，属于施工招标文件主要内容的是(　　)

A. 资格预审公告　　　　B. 申请人须知　　　　C. 招标公告　　　　D. 资格审查办法

参考答案：C

2. 关于实施两阶段招标项目的说法，正确的是(　　)。

A. 两阶段招标只适用于技术复杂的项目

B. 两阶段招标在第二阶段可以要求同时投技术标与商务标

C. 两阶段招标在第二阶段对商务标不再审查是否对招标文件作出了实质性

D. 两阶段招标在第二阶段才进行价格竞争

参考答案：D

3. 下列合同文件中，列入《标准施工招标文件》中施工合同文本中的合同附件格式的是(　　)。

A. 协议书、投标保函、履约保函

B. 投标保函、履约保函、预付款保函

C. 协议书、预付款保函、履约保函

D. 工程量清单、材料设备一览表、工程预付款明细单

参考答案：C

4. 下列合同文件中，属于《标准施工招标文件》中施工合同文本的合同文件，在专用条款没有另行约定的情况下，其正确的解释次序是(　　)。

A. 中标通知书、专用合同条款、通用合同条款、合同协议书

B. 合同协议书、通用合同条款、专用合同条款、中标通知书

C. 合同协议书、中标通知书、专用合同条款、通用合同条款

D. 中标通知书、合同协议书、专用合同条款、通用合同条款

参考答案：C

建筑工程信息及监理资料归档管理

【知识目标】

1. 了解建筑工程信息管理。

2. 熟悉建筑工程信息过程管理内容。

3. 掌握监理资料归档。

【技能目标】

具备建筑工程文件档案资料编制及管理的能力。

思维导图

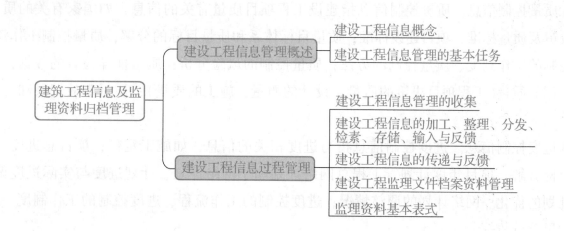

建筑工程信息及监理资料归档管理

- 建设工程信息管理概述
  - 建设工程信息概念
  - 建设工程信息管理的基本任务
- 建设工程信息过程管理
  - 建设工程信息管理的收集
  - 建设工程信息的加工、整理、分发、检索、存储、输入与反馈
  - 建设工程信息的传递与反馈
  - 建设工程监理文件档案资料管理
  - 监理资料基本表式

8.1 建设工程信息管理概述

8.1.1 建设工程信息概念

建设工程信息是对参与建设各方主体(如建设单位、设计单位、施工单位、供货厂商和监理企业等)从事工程项目管理(或监理)提供决策支持的一种载体,如项目建议书、可行性研究报告、设计图纸及其说明、各种法规及建设标准等。在现代建设中,能及时、准确、完善地掌握与建设工程项目有关的大量信息,处理好各类建设信息,是建设工程项目管理(或监理)的重要内容。

1. 建设工程项目信息的分类

建设工程项目监理过程中,涉及大量的信息,这些信息依据不同标准可划分如下。

(1)按照建设工程的目标划分

①投资控制信息。投资控制信息是指与投资控制直接有关的信息。如各种估算指标、类似工程造价、物价指数;设计概算、概算定额;施工图预算、预算定额;工程项目投资估算;合同价组成;投资目标体系;计划工程量、已完工程量、单位时间付款报表、工程量变化表、人工、材料调差表;索赔费用表;投资偏差、已完工程结算;竣工决算、施工阶段的支付账单;原材料价格、机械设备台班费、人工费、运杂费等。

②质量控制信息。质量控制信息指建设工程项目质量有关的信息,如国家有关的质量法规、政策及质量标准、项目建设标准;质量目标体系和质量目标的分解;质量控制工作流程、质量控制的工作制度、质量控制的方法;质量控制的风险分析;质量抽样检查的数据;各个环节工作的质量(工程项目决策的质量、设计的质量、施工的质量);质量事故记录和处理报告等。

③进度控制信息。进度控制信息指与进度相关的信息,如施工定额;项目总进度计划、进度目标分解、项目年度计划、工程总网络计划和子网络计划、计划进度与实际进度偏差、网络计划的优化、网络计划的调整情况;进度控制的工作流程、进度控制的工作制度、进度控制的风险分析等。

④合同管理信息。合同管理信息指建设工程相关的各种合同信息,如工程招投标文件;工程建设施工承包合同,物资设备供应合同,咨询、监理合同;合同的指标分解体系;合同签订、变更、执行情况;合同的索赔等。

（2）按照信息的层次划分

①战略型信息。战略型信息指该项目建设过程中的战略决策所需的信息、投资总额、建设总工期、承包商的选定、合同价的确定等信息。

②管理型信息。管理型信息指项目年度进度计划、财务计划等。

③业务型信息。业务型信息指的是各业务部门的日常信息，较具体，精度较高。

按照信息的层次划分的信息如图 8-1 所示。

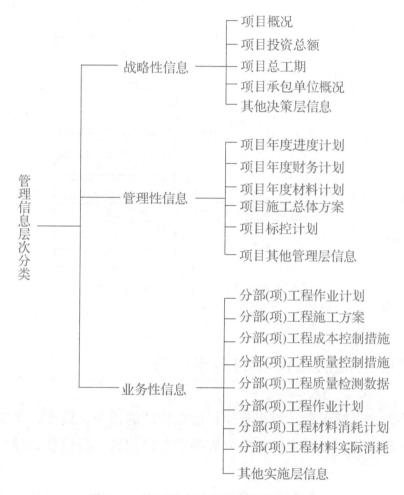

图 8-1　按照信息的层次划分信息分类

（3）按照信息的性质划分

将建设项目信息按项目管理功能划分为：组织类信息、管理类信息、经济类信息和技术类信息四大类，每类信息根据工程建设各阶段项目管理的工作内容又可进一步细分，如图 8-2 所示。

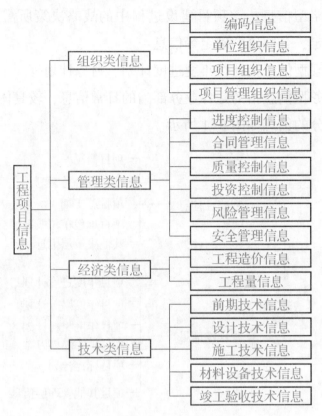

图 8-2 建设工程项目信息分类

8.1.2 建设工程信息管理的基本任务

监理工程师作为项目管理者，承担着项目信息管理的任务，负责收集项目实施情况的信息，做各种信息处理工作，并向上级、向外界提供各种信息。其信息管理的任务主要包括以下几种情况。

①组织项目基本情况信息的收集并系统化，编制项目手册。项目管理的任务之一是按照项目的任务，按照项目的实施要求，设计项目实施和项目管理中的信息和信息流，确定它们的基本要求和特征，并保证在实施过程中信息的顺利流通。

②项目报告及各种资料的规定，例如资料的格式、内容、数据结构要求。

③按照项目实施、项目组织、项目管理工作过程建立项目管理信息系统流程，在实际工作中保证这个系统正常运行并控制信息流。

④文件档案管理工作。有效的项目管理需要更多地依靠信息系统的结构和维护。信息管理影响组织和整个项目管理系统的运行效率，是人们沟通的桥梁。监理工程师应对它有足够的重视。

8.2　建设工程信息过程管理

8.2.1　建设工程信息的收集

建设工程信息管理贯穿建设工程全过程，衔接建设工程各个阶段、各个参建单位和各个方面，其基本环节有：信息的收集、传递、加工、整理、检索、分发、存储、输出与反馈。

1. 建设工程信息的收集

建设工程参建各方对数据和信息的收集是不同的，有不同的来源，不同的角度，不同的建设工程参建各方在不同的时期对数据和信息收集也是不同的，侧重点有不同，但也要规范信息行为。

从监理的角度，建设工程的信息收集由介入阶段不同，决定收集不同的内容。监理单位介入的阶段有：项目决策阶段、项目设计阶段、项目施工招投标阶段、项目施工阶段等多个不同阶段，与建设单位签订的监理合同内容也不尽相同，因此收集信息要根据具体情况决定。

施工阶段的信息收集，可从施工准备期、施工期、竣工保修期 3 个子阶段分别进行。

（1）施工准备期

施工准备期指从建设工程合同签订到项目开工这个阶段，在施工招投标阶段监理未介入时。本阶段是施工阶段监理信息收集的关键阶段，监理工程师应该从如下几点入手收集信息。

①监理大纲；施工图设计及施工图预算，特别要掌握结构特点，掌握工程难点、要点、特点，掌握工业工程的工艺流程特点、设备特点，了解工程预算体系（按单位工程、分部工程、分项工程分解）；了解施工合同。

②施工单位项目经理部组成，进场人员资质；进场设备的规格型号、保修记录；施工场地的准备情况；施工单位质量保证体系及施工单位的施工组织设计，特殊工程的技术方案，施工进度网络计划图表；进场材料、构件管理制度；安全保安措施；数据和信息管理制度；检测和检验、试验程序和设备；承包单位和分包单位的资质等施工单位信息。

③建设工程场地的地质、水文、测量、气象数据；地上、地下管线，地下洞室，地上原有建筑物及周围建筑物、树木、道路；建筑红线，标高、坐标；水、电、气管道的引入标志；地质勘察报告、地形测量图及标桩等环境信息。

④施工图的会审和交底记录；开工前的监理交底记录；对施工单位提交的施工组织设计按照项目监理部要求进行修改的情况；施工单位提交的开工报告及实际准备情况。

（2）施工实施期

施工实施期收集的信息应该分类并由专门的部门或专人分级管理，项目监理部可从下列方面收集信息。

①施工单位人员、设备、水、电、气等能源的动态信息。

②施工期气象的中长期趋势及同期历史数据，每天不同时段动态信息，特别在气候对施工质量影响较大的情况下，更要加强收集气象数据。

③建筑原材料、半成品、成品、构配件等工程物资的进场、加工、保管、使用等信息。

④项目经理部管理程序；质量、进度、投资的事前、事中、事后控制措施；数据采集来源及采集、处理、存储、传递方式；工序间交接制度；事故处理制度；施工组织设计及技术方案执行的情况；工地文明施工及安全措施等。

⑤施工中需要执行的国家和地方规范、规程、标准；施工合同执行情况。

⑥施工中发生的工程数据，如地基验槽及处理记录，工序间交接记录，隐蔽工程检查记录等。

⑦建筑材料必试项目有关信息：如水泥、砖、砂石、钢筋、外加剂、混凝土、防水材料、回填土、饰面板、玻璃幕墙等。

⑧设备安装的试运行和测试项目有关信息：如电气接地电阻、绝缘电阻测试，管道通水通气、通风试验，电梯施工试验，消防报警、自动喷淋系统联动试验等。

⑨施工索赔相关信息：索赔程序，索赔依据，索赔证据，索赔处理意见等。

（3）竣工保修期

竣工保修期的信息是建立在施工期日常信息积累基础上，工程管理要求数据实时记录真实反映施工过程，真正做到积累在平时，竣工保修期只是建设各方最后的汇总和总结。该阶段要收集的信息有。

①工程准备阶段文件，如立项文件，建设用地、征地、拆迁文件，开工审批文件等。

②监理文件，如监理规划、监理实施细则、有关质量问题和质量事故的相关记录、监理工作总结以及监理过程中各种控制和审批文件等。

③施工资料：分为建筑安装工程和市政基础设施工程两大类分别收集。

④竣工图：分建筑安装工程和市政基础设施工程两大类分别收集。

⑤竣工验收资料：如工程竣工总结、竣工验收备案表、电子档案等。

在竣工保修期，监理单位按照现行《建设工程文件归档整理规范》（GB/T 50328—2001）收集监理文件并协助建设单位督促施工单位完善全部资料的收集、汇总和归类整理。

8.2.2 建设工程信息的加工、整理、分发、检索、存储、输入和反馈

建设工程信息的加工、整理和存储是数据收集后的必要过程。收集的数据经过加工、

理后产生信息。信息是指导施工和工程管理的基础。

1. 信息的加工、整理

信息的加工主要是把建设各方得到的数据和信息进行鉴别、选择、核对、合并、排序、更新、计算、汇总、转储，生成不同形式的数据和信息，提供给不同需求的各类管理人员使用。对于施工中产生的数据要按照单位工程、分部工程、分项工程组织在一起，每一个单位、分部、分项工程又把数据分为：进度、质量、造价 3 个方面分别组织。

2. 信息的加工、整理和存储流程

信息处理包括信息的加工、整理和存储。信息的加工、整理和存储流程是信息系统流程的主要组成部分。信息系统的流程图有业务流程图、数据流程图，一般先找到业务流程图，通过绘制的业务流程图再进一步绘制数据流程图，通过绘制业务流程图可以了解到具体处理事务的过程，发现业务流程的问题和不完善处，进而优化业务处理过程。数据流程图则把数据在内部流动的情况抽象化，独立考虑数据的传递、处理、存储是否合理，发现和解决数据流程中的问题。数据流程图的绘制从上而下地层层细化，经过整理、汇总后得到总的数据流程图，根据总的数据流程图可以得到系统的信息处理流程图。信息处理流程根据具体工程情况决定，大型工程复杂些，小型工程简单些。在这里我们以项目监理部对施工阶段的工程量信息处理业务流程为例加以说明，其业务流程如图 8-3 所示。

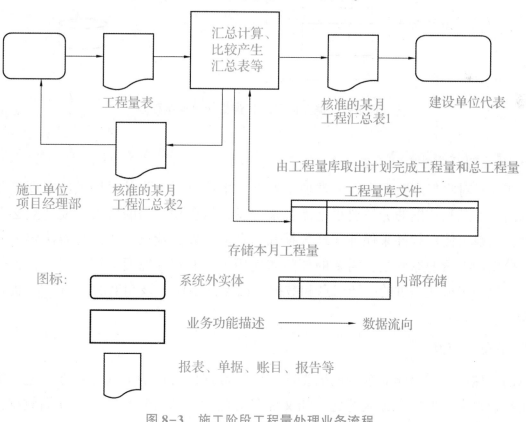

图 8-3　施工阶段工程量处理业务流程

由上述业务流程进而产生数据流程，数据流程图如 8-4 所示。

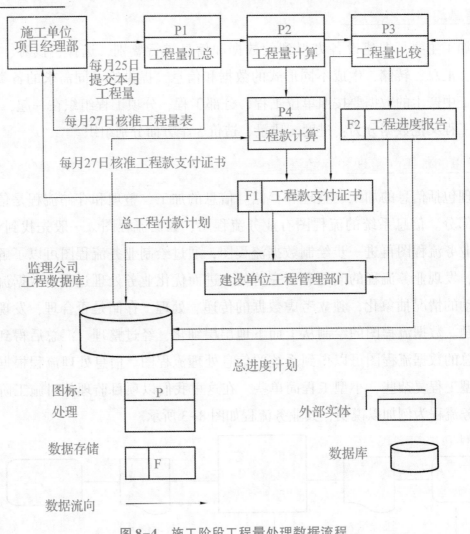

图 8-4　施工阶段工程量处理数据流程

3. 信息的分发和检索

信息在通过对收集的数据进行分类加工处理产生信息后，要及时提供给需要使用数据和信息的部门，信息和数据的分发要根据需要来分发，信息和数据的检索则要建立必要的分级管理制度，一般由使用软件来保证实现数据和信息的分发、检索，关键是要决定分发和检索的原则。分发和检索的原则是：需要的部门和使用人，有权在需要的第一时间，方便地得到所需要的、以规定形式提供的一切信息和数据，而保证不向不该知道的部门(人)提供任何信息和数据。

4. 信息的存储

信息的存储一般需要建立统一的数据库，各类数据以文件的形式组织在一起，组织的方法一般由单位自定，但要考虑规范化。如文件名规范化，网络数据库形式存储数据，国家技术标准有统一的代码时尽量采用统一代码，达到建设各方数据共享统一。

8.2.3　建设工程信息的传递与反馈

信息传递是指信息在工程与管理人员或管理人员之间的发送、接受。信息传递是信息管理的中间环节，即信息的流通环节。信息只有从信息源传递到使用者那里，才能起到应有的作用。信息能否及时传递，取决于信息的传输渠道。只有建立了合理的信息传输渠道，才能保证信息流畅流通，发挥信息在项目管理中的作用。信息不畅往往是建设项目信息管理中最大障碍。

信息反馈与信息交流的方向相反。对于项目监理管理人员而言，其接受的信息往往不能一次性地达到其意愿，或对于信息有着特殊的要求，这就需要对信息进行反馈。由信息接受者反馈给信息源，将所需要的工程信息进行重新组织，根据其特殊要求进行调整。信息反馈同样要符合上述几条原则。

8.2.4　建设工程监理文件档案资料管理

建设工程监理文件档案资料管理，是建设工程信息管理的一项重要工作。它是监理工程师实施工程建设监理，进行目标控制的基础性工作。在监理组织机构中必须配备专门的人员负责监理文件和档案的收发、管理、保存工作。

建设工程监理文件档案资料管理主要内容是：监理文件档案资料收、发文与登记；监理文件档案资料传阅；监理文件档案资料分类存放；监理文件档案资料归档、借阅、更改与作废。

1. 监理文件和档案收文与登记

所有收文应在收文登记表上进行登记（按监理信息分类别进行登记）。应记录文件名称、文件摘要信息、文件的发放单位（部门）、文件编号以及收文日期，必要时应注明接收文件的具体时间，最后由项目监理部负责收文人员签字。

监理信息在有追溯性要求的情况下，应注意核查所填部分内容是否可追溯。如材料报审表中是否明确注明该材料所使用的具体部位，以及该材料质保证明的原件保存处等。如不同类型的监理信息之间存在相互对照或追溯关系时（如监理工程师通知单和监理工程师通知回复单），在分类存放的情况下，应在文件和记录上注明相关信息的编号和存放处。资料管理人员应检查文件档案资料的各项内容填写和记录真实完整，签字认可人员应为符合相关规定的责任人员，并且不得以盖章和打印代替手写签认。文件档案资料以及存储介质质量应符合要求，所有文件档案必须使用符合档案归档要求的碳素墨水填写或打印生成，以适应长时间保存的要求。

有关工程建设照片及声像资料等应注明拍摄日期及所反映工程建设部位等摘要信息。收文登记后应交给项目总监或由其授权的监理工程师进行处理，重要文件内容应在监理日记中记录。

部分收文如涉及建设单位的工程建设指令或设计单位的技术核定单以及其他重要文件，应将复印件在项目监理部专栏内予以公布。

2. 监理文件资料发文与登记

发文由总监理工程师或其授权的监理工程师签名，并加盖项目监理部图章，对盖章工作应进行专项登记。如为紧急处理的文件，应在文件首页标注"急件"字样。所有发文按监理信息资料分类和编码要求进行分类编码，并在发文登记表上登记。登记内容包括：文件资料的分类编码、发文文件名称、摘要信息、接收文件的单位（部门）名称、发文日期（强调时效性的文件应注明发文的具体时间）。收件人收到文件后应签名。

发文应留有底稿，并附一份文件传阅纸，信息管理人员根据文件签发人指示确定文件责任人和相关传阅人员。文件传阅过程中，每位传阅人员阅后应签名并注明日期。发文的传阅期限不应超过其处理期限。重要文件的发文内容应在监理日记中予以记录。项目监理部的信息管理人员应及时将发文原件归入相应的资料柜（夹）中，并在目录清单中予以记录。

3. 监理文件档案资料传阅

由建设工程项目监理部总监理工程师或其授权的监理工程师确定文件、记录是否需传阅，如需传阅应确定传阅人员名单和范围，并注明在文件传阅纸（图 8-5）上，随同文件和记录进行传阅。也可按文件传阅纸样式刻制方形图章，盖在文件空白处，代替文件传阅纸。每位传阅人员阅后应在文件传阅纸上签名，并注明日期。文件和记录传阅期限不应超过该文件的处理期限。传阅完毕后，文件原件应交还信息管理人员归档。

文件标题		发文部门	
签 发 人		签发时间	
阅件人 签 字			
备 注		存档时间	

图 8-5　监理传阅纸

4. 监理文件档案资料分类存放

监理文件档案经收/发文、登记和传阅工作程序后，必须使用科学的分类方法进行存放，这样既可满足项目实施过程查阅、求证的需要，又方便项目竣工后文件和档案的归档和移交。项目监理部应备有存放监理信息的专用资料柜和用于监理信息分类归档存放的专用资料夹。在大中型项目中应采用计算机对监理信息进行辅助管理。信息管理人员则应根据项目规模规划各资料柜和资料夹内容。具体实施可参考下例，但不一定机械地按顺序将每个文件夹与各类文件一一对应。文件档案资料应保持清晰，不得随意涂改记录，保存过程中应保持记录介质的清洁和不破损。

项目建设过程中文件和档案的具体分类原则应根据工程特点制定，监理单位的技术管理部门可以明确本单位文件档案资料管理的框架性原则，以便统一管理并体现出企业的特色。下文推荐的施工阶段监理文件和档案分类方法供监理工程师在具体项目操作中予以参考。需要注意的是，下文提出的分类方法在监理开展工作过程中使用，与本章第一节中第五部分监理资料分类方法有所区别，后者指的是项目竣工后监理单位应交给建设单位以及地方城建档案管理部门的资料，这些资料只是监理工作之中需要和产生文件和档案的一小部分。

监理信息的分类可按照本部分内容定出框架，同时应考虑所监理工程项目的施工顺序、施工承包体系、单位工程的划分以及质量验收工作程序并结合自身监理业务工作的开展情况进行分类的编排，原则上可考虑按承包单位、按专业施工部位、按单位工程等进行划分，以保证监理信息检索和归档工作的顺利进行。

信息管理部门应注意建立适宜的文件档案资料存放地点，防止文件档案资料受潮霉变或虫害侵蚀。

资料夹装满或工程项目某一分部或单位工程结束时，资料应转存至档案袋，袋面应以相同编号标识。

如资料缺项时，类号、分类号不变，资料可空缺。

5. 监理文件档案资料归档

监理文件档案资料归档内容、组卷方法以及监理档案的验收、移交和管理工作，应根据现行《建设工程监理规范》及《建设工程文件归档整理规范》并参考工程项目所在地区建设工程行政主管部门、建设监理行业主管部门、地方城市建设档案管理部门的规定执行。

监理文件档案资料的归档保存中应严格按照保存原件为主、复印件为辅和按照一定顺序归档的原则。如在监理实践中出现作废和遗失等情况，应明确地记录作废和遗失原因、处理的过程。

按照现行《建设工程文件归档整理规范》（GB/T 50328—2001），监理文件有10大类27个，要求在不同的单位归档保存，现分述如下。

①监理规划。

a. 监理规划(建设单位长期保存，监理单位短期保存，送城建档案管理部门保存)。

b. 监理实施细则(建设单位长期保存，监理单位短期保存，送城建档案管理部门保存)。

c. 监理部总控制计划等(建设单位长期保存，监理单位短期保存)。

②进度控制。

a. 工程开工复工审批表(建设单位长期保存，监理单位长期保存，送城建档案管理部门保存)。

b. 工程开工/复工暂停令(建设单位长期保存，监理单位长期保存，送城建档案管理部门保存)。

③质量控制

a. 不合格项目通知(建设单位长期保存，监理单位长期保存，送城建档案管理部门保存)。

b. 质量事故报告及处理意见(建设单位长期保存，监理单位长期保存，送城建档案管理部门保存)。

c. 监理月报中的有关质量问题(建设单位长期保存，监理单位长期保存，送城建档案管理部门保存)

d. 监理会议纪要中的有关质量问题(建设单位长期保存，监理单位长期保存，送城建档案管理部门保存)

④造价控制。

a. 预付款报审与支付(建设单位短期保存)。

b. 月付款报审与支付(建设单位短期保存)。

c. 设计变更、洽商费用报审与签认(建设单位长期保存)。

d. 工程竣工决算审核意见书(建设单位长期保存，送城建档案管理部门保存)。

⑤分包资质。

a. 分包单位资质材料(建设单位长期保存)。

b. 供货单位资质材料(建设单位长期保存)。

c. 试验等单位资质材料(建设单位长期保存)。

⑥监理通知。

a. 有关进度控制的监理通知(建设单位、监理单位长期保存)。

b. 有关质量控制的监理通知(建设单位、监理单位长期保存)。

c. 有关造价控制的监理通知(建设单位、监理单位长期保存)。

⑦合同与其他事项管理

a. 工程延期报告及审批(建设单位永久保存，监理单位长期保存，送城建档案管理部门保存)。

b. 费用索赔报告及审批（建设单位、监理单位长期保存）。

c. 合同争议、违约报告及处理意见（建设单位永久保存，监理单位长期保存，送城建档案管理部门保存）。

d. 合同变更材料（建设单位、监理单位长期保存，送城建档案管理部门保存）。

⑧监理工作总结。

a. 专题总结（建设单位长期保存，监理单位短期保存）。

b. 月报总结（建设单位长期保存，监理单位短期保存）。

c. 工程竣工总结（建设单位、监理单位长期保存，送城建档案管理部门保存）。

d. 质量评估报告（建设单位、监理单位长期保存，送城建档案管理部门保存）。

6. 监理文件档案资料借阅、更改与作废

项目监理部存放的文件和档案原则上不得外借，如政府部门、建设单位或施工单位确有需要，应经过总监理工程师或其授权的监理工程师同意，并在信息管理部门办理借阅手续。

监理人员在项目实施过程中需要借阅文件和档案时，应填写文件借阅单，并明确归还时间。

信息管理人员办理有关借阅手续后，应在文件夹的内附目录上作特殊标记，避免其他监理人员查阅该文件时，因找不到文件引起工作混乱。

监理文件档案的更改应由原制定部门相应责任人执行，涉及审批程序的，由原审批责任人执行。若指定其他责任人进行更改和审批时，新责任人必须获得所依据的背景资料。监理文件档案更改后，由信息管理部门填写监理文件档案更改通知单，并负责发放新版本文件。发放过程中必须保证项目参建单位中所有相关部门都得到相应文件的有效版本。文件档案换发新版时，应由信息管理部门负责将原版本收回作废。考虑到日后有可能出现追溯需求，信息管理部门可以保存作废文件的样本以备查阅。

8.2.5　监理资料基本表式

1. 监理工作的基本表式

建设工程监理在施工阶段的基本表式按照《建设工程监理规范》（GB 50319—2013）附录执行，提高建设工程信息的标准化、规范化。规范中基本表式有 3 类。

A 类表共 8 个表（A.0.1—A.0.8），为监理单位用表，由工程监理单位或项目监理机构签发。

B 类表共 14 个表（B.0.1—B.0.14），为施工单位报审、报验用表，由施工单位或施工项目经理部填写后报送工程建设相关方。

C 类表共 3 个表(C.0.1—C.0.3)，为各方通用表，工程建筑相关方工作联系的通用表。

各类表中施工项目经理部用章的样章应在项目监理机构和建设单位备案，项目监理机构用章的样章应在建设单位和施工单位备案。

其中下列表式中，应由总监理工程师签字并加盖执业印章。

A.0.2 工程开工令

A.0.5 工程暂停令

A.0.7 工程复工令

A.0.8 工程款支付证书

B.0.1 施工组织设计或(专项)施工方案报审表

B.0.2 工程开工报审表

B.0.10 单位工程竣工验收报审表

B.0.11 工程款支付报审表

B.0.13 费用索赔报审表

B.0.14 工程临时或最终延期报审表

A.0.1 "总监理工程师任命书"必须由工程监理单位法人代表签字，并加盖工程监理单位公章。"B.0.2 工程开工报审表""B.0.10 单位工程竣工验收报审表"必须由项目经理签字并加盖施工单位公章。

🔧 基础考核

一、单项选择题(每题的备选项中，只有 1 个最符合题意)

1. 一个建设工程由多个单位工程组成，工程文件应按( )组卷。

A. 单项工程　　　　　B. 单位工程　　　　　C. 分部工程　　　　　D. 分项工程

2. 施工文件可按( )等组卷

A. 建设程序、专业、形成单位

B. 单位工程、分部工程、专业、阶段

C. 单项工程、单位工程、分部工程、分项工程

D. 单位工程、专业

3. 工程技术档案：永久是指工程档案需要永久保存；长期是指工程档案保存期限等于工程使用寿命；短期是指工程档案保存( )年以下。

A.5　　　　　　　　B.10　　　　　　　　C.15　　　　　　　　D.20

二、多项选择题(每题的备选项中，有 2 个或 2 个以上符合题意，至少有 1 个错项)

1. 以下资料不属于施工资料的是( )。

A. 项目立项文件   B. 监理工作记录   C. 施工测量记录   D. 商务文件

E. 竣工图

2. 以下属于工程准备阶段文件的有(   )。

A. 招投标文件   B. 开工审批文件   C. 财务文件   D. 监理规划

E. 建设、施工、监理项目管理机构及负责人

3. 归档文件的质量要求(   )。

A. 归档的工程文件可以为复印件   B. 所有竣工图均应加盖竣工验收图章

C. 可以用铅笔书写材料   D. 文字材料图幅宜为 A4

E. 当图纸修改部分超过时,应当重新绘制竣工图

技能实训

星河大厦建设工程项目的业主与某监理公司和某建筑工程公司分别签订了建设工程施工阶段委托监理合同和建设工程施工合同。为了能及时掌握准确、完整的信息,以便依靠有效的信息对该建设工程的质量、进度、投资实施最佳控制,项目总监理工程师召集了有关监理人员专门讨论了如何加强监理文件档案资料的管理问题,涉及有关监理文件档案资料管理的意义、内容和组织等方面的问题。

【问题】

1. 在项目监理部,对监理文件档案资料管理部门和实施人员的要求如何?

2. 监理文件档案资料管理的主要内容是哪些?

链接执考

一、【2019 年监理工程师考试,单项选择题】

1. 根据《建设工程监理规范》,下列施工单位报审表中,需要总监理工程师签字并加盖执业印章的是(   )。

A. 监理通知回复单   B. 施工组织设计报审表

C. 分部工程报验表   D. 工程复工报审表

参考答案:B

2. 根据《建设工程监理规范》,下列工程资料中,需要建设单位签署审批意见的是(   )。

A. 监理规划

B. 施工组织设计

C. 工程暂停令

D. 超过一定规模的危险性较大的分部分项工程专项施工方案

参考答案：D

二、【2019 年监理工程师考试，多项选择题】

1. 下列表式中，属于各方通用表式的有（　　　　）。

A. 工程开工报审表　　　　　　　　　　B. 工程变更单

C. 索赔意向通知单　　　　　　　　　　D. 费用索赔报审表

E. 单位工程竣工验收报审表

参考答案：BC

2. 根据《建设工程监理规范》监理文件资料应包括的主要内容有（　　　　）。

A. 监理规划，监理实施细则　　　　　　B. 施工控制测量成果报验文件资料

C. 施工安全教育培训证书　　　　　　　D. 施工设备租赁合同

E. 见证取样文件资料

参考答案：ABE